KB105616

수학 소녀의 비밀노트

정수 귀신

수학 소녀의 비밀노트

정수 귀신

2014년 10월 25일 1판 1쇄 발행
2023년 3월 10일 2판 2쇄 발행

지은이 | 유키 히로시
옮긴이 | 이인숙
펴낸이 | 양승윤

펴낸곳 | (주)와이엘씨
서울특별시 강남구 강남대로 354 혜천빌딩 15층
(전화) 555-3200 (팩스) 552-0436

출판등록 | 1987. 12. 8. 제1987-000005호
http://www.ylc21.co.kr

값 17,500원

ISBN 978-89-8401-242-4 04410
ISBN 978-89-8401-240-0 (세트)

영림카디널은 (주)와이엘씨의 출판 브랜드입니다.

- 소중한 기획 및 원고를 이메일 주소(editor@ylc21.co.kr)로 보내주시면, 출간 검토 후 정성을 다해 만들겠습니다.

유키 히로시 지음
이인숙 옮김
전국수학교사모임 감수

전국수학 교사모임 추천도서

일본수학 협회 출판상 수상

영림카디널

감수의 글

산 위 동네에 사는 사람과 산 아래 동네에 사는 사람이 세상을 바라보는 정서가 같지는 않을 것입니다. 우리는 모두 같은 생각을 가지고 세상과 사물을 바라본다고 착각하며 살아가지만, 살아온 환경이나 경험한 사고 습관에 따라 사물을 바라보는 정서나 사물에 대한 가치관이 사람마다 다 다를 것입니다.

뿐만 아니라 수학문제이든 일상에서 만나는 갈등문제이든 문제를 해결하는 문제해결 습관에도 그대로 영향을 주어 사람들은 자신들이 경험하고 살아온 환경에 따라 서로 다르게 갈등을 해소하고 문제 상황을 극복하곤 합니다.

이런 정서는 수나 사물을 바라보는 것에도 그대로 반영되어 동일하게 배열되어 있는 수라 할지라도 그 성질을 관찰하는 사람이 지닌 영혼의 정서들이 반영되면 각 영혼들마다 전혀 다른 관점에서 수의 형식이나 패턴을 관찰하곤 합니다. 먼 옛날에 수학을 즐기던 선조들은

'에라토스테네스의 체'라는 기법을 이용해 소수의 규칙과 패턴을 다음과 같이 찾아냈습니다.

1	2	3	4	5	6	7	8	9	10
11	12	13	14	15	16	17	18	19	20
21	22	23	24	25	26	27	28	29	30
31	32	33	34	35	36	37	38	39	40
41	42	43	44	45	46	47	48	49	50
51	52	53	54	55	56	57	58	59	60
61	62	63	64	65	66	67	68	69	70
71	72	73	74	75	76	77	78	79	80
81	82	83	84	85	86	87	88	89	90
91	92	93	94	95	96	97	98	99	100

하지만 이와 같은 수의 규칙은 자연수를 배열하는 패턴의 특징에 따라 아름다운 예술로 승화되기도 하고, 수와 기하를 합친 아름다운 수학문화로 거듭나기도 했습니다. 예를 들어 최근의 한 수학자는 소수가 갖는 특징을 이용해 다음과 같은 그림을 그리기도 했습니다.

또 다른 수학자는 이 소수가 갖는 간격의 특징을 이용하여 다음과 같은 기하학적인 서클을 구성하여 발표하기도 했습니다.

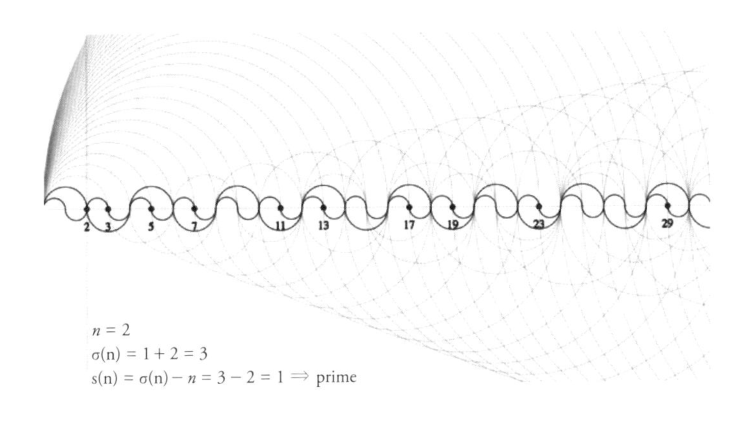

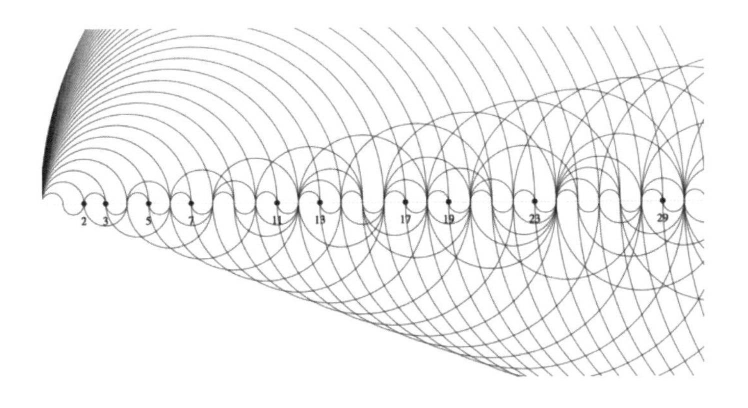

남들이 알고 있는 것을 찾아보는 것에서 시작하여 남들이 모르는 나만의 패턴을 찾아나서는 모험과도 같은 것이 수학이 주는 진정한 즐거움이라 할 수 있습니다.

이 책은 유리와 테트라, 미르카와 주인공이 숫자로 구성된 정수 마을에서 정수 안에 있는 다양한 패턴과 규칙을 찾아주는 매력이 있습니다. 처음에는 배수의 성질이 갖는 배수 패턴을 찾고, 소수가 갖는 수의 패턴을 찾고, 진법이 갖는 성질을 기반으로 마술카드의 패턴을 찾는 등의 활동을 통해 수를 이해하고, 수가 이해되면 점화식을 기반으로 수의 규칙을 탐구하는 활동을 수행할 수 있습니다.

수의 패턴을 찾는다는 것은 사람들 사이의 관계에 숨겨진 규칙을 찾는 것과 같습니다. 이렇게 찾은 하나의 규칙은 하나 이상의 즐거움을 우리에게 선사합니다. 이 책이 우리에게 전해주는 교훈은 수가 가지고 놀 수 있는 대상이며 즐거움의 대상임을 일깨워 주는 것에 있습니다.

전국수학교사모임 전 회장
이동흔

독자에게

이 책에서는 유리, 테트라, 미르카, 그리고 '나'의 수학 토크가 펼쳐진다.

무슨 이야기인지 잘 모르겠더라도, 수식의 의미를 잘 모르겠더라도

중단하지 말고 계속 읽어주길 바란다.

그리고 그들이 하는 말을 귀 기울여 들어주길 바란다.

그래야만 여러분도 수학 토크에 함께 참여하는 것이 되니까.

등장인물 소개

나 고등학교 2학년. 수학 토크를 이끌어간다. 수학, 특히 수식을 좋아한다.

유리 중학교 2학년. '나'의 사촌 여동생. 밤색 머리의 말총머리가 특징. 논리적 사고를 좋아한다.

테트라 고등학교 1학년. 항상 기운이 넘치는 '에너지 걸'. 단발머리에 큰 눈이 매력 포인트.

미르카 고등학교 2학년. 수학에 자신이 있는 '수다쟁이 재원'. 검고 긴 머리와 금속테 안경이 특징.

어머니 '나'의 어머니.

미즈타니 선생님 내가 다니는 고등학교에 근무하고 계신 사서 선생님.

차례

제2장 선택할 수 없지만 보이는 수

제3장 숫자 맞추기 마술과 31의 수수께끼

제4장 수학적 귀납법

제5장 빙글빙글 원을 만드는 법

프롤로그

아침, 점심, 저녁.

아침, 점심, 저녁.

그런 하루하루의 반복.

봄, 여름, 가을, 겨울.

봄, 여름, 가을, 겨울.

그런 계절의 반복.

반복은 결말을 만들고, 결말은 수를 만들어낸다.

오늘도, 내일도, 모레도.

반복을 세며 우리는 살아간다.

반복은 리듬이 되고, 리듬은 노래를 만들어낸다.

오늘도, 내일도, 모레도.

반복을 노래하며 우리는 살아간다.

규칙으로 수와 논다.

배수의 규칙으로,

차례의 규칙으로,

다음 한 발짝을 정하는 규칙으로 수와 논다.

패턴으로 수와 논다.

시계의 패턴으로,

카드의 패턴으로,

낙서의 패턴으로 수와 논다.

결말의 리듬, 규칙의 패턴.

우리는 수와 논다.

오늘도, 내일도, 모레도.

퍼즐의 마술, 시험조차도

수의 장난이 담겨 있다.

자! 나와 함께 숫자와 놀자.

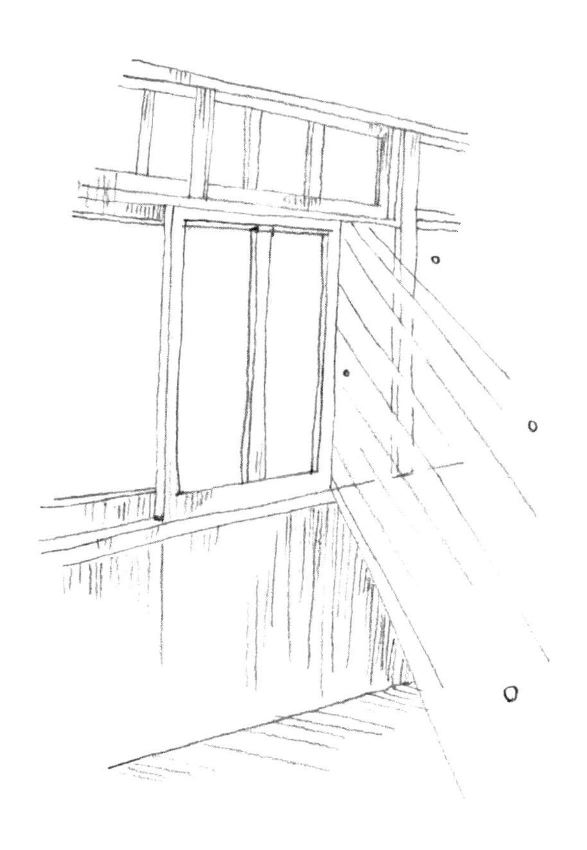

제1장

더해도 빼도 같은 수

"이유를 몰라도 사용할 수 있는 게 '판정법' 이지?"

1-1 내 방에서

유리 오빠야, 퀴즈 하나 낼게냐옹.

나 그 '야옹'은 뭐야?

유리 됐고. 그건 신경 쓰지 말고 일억 이천삼백사십오만 육천칠백팔십구는 3의 배수일까냐옹?

●●● **문제**

일억 이천삼백사십오만 육천칠백팔십구(123,456,789)는 3의 배수일까?

유리가 갑자기 애교 섞인 말투로 퀴즈를 냈다.

유리는 중학교 2학년. 청바지 차림에 갈색의 말총머리를 한 내 사촌 여동생이다. 어린 시절부터 함께 놀곤 했기 때문에, 고등학교 2학년인 나를 언제나 '오빠야'라고 부른다. 내 방에 놀러 와서는 책을 읽거나 퀴즈를 풀거나 한다.

나 응? 그러니까 123456789라는 거야?

유리 맞아, 맞아…. 한번 풀어 봐!

나 간단하잖아. 123456789는 3의 배수네. 다음처럼 3의 배수를 찾으면,

120000000
3000000
450000
6000
780
9

결국 3의 배수라는 걸 알 수 있지.

유리 칫, 재미없잖아. 오빠야가 그렇게 간단하게 대답해 버리면.

〈해답〉

일억 이천삼백사십오만 육천칠백팔십구(123,456,789)는 3의 배수이다.

나 이런 건 기본이야. '3의 배수인지 아닌지' 알고 싶으면, '각

자릿수를 모두 더해서 3의 배수가 되는지 아닌지'를 확인
해도 돼.

3의 배수 판정법

3의 배수인지 알아보기 위해서는,
각 자릿수를 모두 더해 3의 배수인지 확인하면 된다.
예를 들어 123456789의 각 자릿수를 모두 더하면,

$$1+2+3+4+5+6+7+8+9=45$$

가 된다. 45는 3의 배수이므로 123,456,789는 3의 배수
이다.

유리 역시 알고 있었네.

나 유리야, 요즘 말투가 좀 이상해 졌는데?

유리 그럴 리가…. 제대로 구별해서 쓰고 있다공.

나 역시 이상한 거 같아.

유리 됐고, 오빠야는 암산이 빠르네. 1부터 9까지 어쩜 그렇게 빨리 더할 수 있어?

나 외우고 있으니까.

유리 뭐라고?

나 1부터 10까지 더하면 55가 되는 걸 외우고 있으니까.

$$1+2+3+4+5+6+7+8+9+10=55$$

유리 뭐야, 그런 폐인 같은 말은.

나 폐인 같다니, 1부터 10까지 더하면 55니까 9까지 더하면 45지?

$$1+2+3+4+5+6+7+8+9+10=55$$
$$1+2+3+4+5+6+7+8+9=45$$

유리 그건 그렇지만.

나 1에서 9까지 더하는 것도 간단해. 더해서 10이 되도록 짝을 지으면 되니까.

유리 무슨 뜻이야?

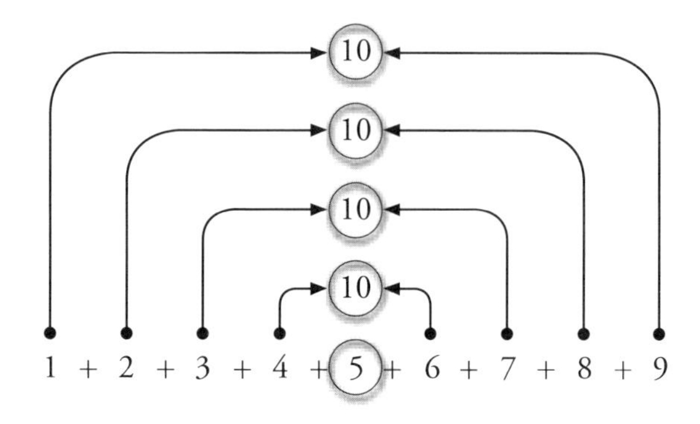

합이 10이 되는 쌍을 만들면 덧셈이 쉬워진다.

나 맨 앞에 있는 1과 맨 뒤에 있는 9가 짝이 되면 10이 되잖아? 그리고 〔2와 8〕, 〔3과 7〕, 〔4와 6〕을 각각 짝지어 주는 거야. 거기까지 더하면 40이 되고, 마지막으로 가운데에 있는 5가 남아 있으니까 $40+5=45$가 되는 거지.

유리 그렇구나!

나 근데 왜 갑자기 123456789에 대한 퀴즈를 낸 거야?

유리 있잖아, 수업에서 3의 배수에 대한 이야기가 나왔거든. 각 자리의 숫자를 전부 더해서 3의 배수가 되면 전체도 3의 배수가 된다는 말이 신기하다고 생각해서.

나 그럼 이번엔 오빠야가 퀴즈를 내볼게냐옹.

유리 그 야옹은 뭐야?

1-2 3의 배수인가?

나 일억 삼백육십구만 삼백육십구는 3의 배수일까?

●●● **문제**

일억 삼백육십구만 삼백육십구(103,690,369)는 3의 배수인가?

유리 음…. 이건 103690369네?

나 응.

유리 1+0+3+6+9+0+3+6+9를 계산하면…. 음…. 37이니까, 3의 배수가 아니네! 그러니까 103690369도 3의 배수가 아니야!

〈해답〉

일억 삼백육십구만 삼백육십구(103,690,369)는 3의 배수가 아니다.

나 맞아, 정답! 근데 시간이 꽤 걸렸네.

유리 계산이 느려서 미안하다!

나 사실은 이것도 빨리 알 수 있어.

유리 또 합이 10이 되도록 쌍을 이루는 거야?

나 아니, 그건 아니야. 전부 더해서 결과가 3의 배수가 되는지 아닌지를 알고 싶을 뿐이니까, 3의 배수인 자릿수는 더하지 않아도 돼.

유리 뭐라고?

나 $1+0+3+6+9+0+3+6+9$를 전부 계산할 필요는 없어. 0, 3, 6, 9라는 3의 배수는 더하지 않아도 되니까….

$$1+\underbrace{0+3+6+9+0+3+6+9}_{\text{모두 3의 배수}}$$

유리 남은 건 1뿐이네!

나 그래. 남아 있는 1은 3의 배수가 아니야. 그러니까 원래의 수 103690369는 3의 배수가 아니야.

유리 뭐야 그게.

나 어떤 수에 3의 배수를 더해도 '3의 배수인지 아닌지'는 변하지 않으니까.

유리 음…. 절대로?

나 절대로. 원래부터 3의 배수인 수에 3의 배수를 더해도 3의 배수 그대로지?

유리 응, 그건 그렇지.

나 그리고 3의 배수가 아닌 수에 3의 배수를 더해도 3의 배수가 되지는 않아.

유리 음….

1-3 수학적으로 증명한다

나 그런데 유리는 판정법에 대해 이해하고 있니?

유리 이해라니?

나 각 자릿수를 모두 더해서 3의 배수가 되는지 아닌지 확인하는 건 3의 배수 판정법으로 유명하지만, 왜 이걸로 판정하는지 이해하고 있어? 자기 자신이 '확실히 그렇다'고 확인했냐는 거지.

유리 음….

유리는 당황한 표정으로 머리카락을 만지작거렸다.

나 각 자릿수를 모두 더해서 3의 배수가 되는지 아닌지를 확인하는 3의 배수 판정법은 정확하게 수학적으로 증명할 수 있어. 중학생이라도 문제없지.

유리 증…명?

나 수학에서 증명이란 건 주어진 조건을 사용해서 어떤 수학적인 주장을 논리적으로 보여 주는 거야.

유리 와…!

나 아마 '이렇지' 않을까?라든지, 경험상 '이렇다'는 것이 아닌 논리적으로 절대 '이것이 성립한다'고 보여 주는 거야.

유리 오…, 논리적으로 절대? 나, 증명을 좋아할지도!

나 분명히 좋아할 거라 생각해. 유리는 딱 알 수 있는 것을 좋아하니까.

유리 증명은 어떻게 해?

나 1000보다 작은 수로 한정해서 증명해 볼게.

증명하고 싶은 것

n을, $0 \leqq n < 1000$의 정수로 한다.

$(n = 0, 1, 2, \cdots, 998, 999)$

A_n을, n의 각 자리의 숫자를 모두 더한 수라고 한다.

이때, 다음이 성립한다.

①A_n이 3의 배수이면,
  n도 3의 배수이다.

②A_n이 3의 배수가 아니면,
  n도 3의 배수가 아니다.

유리 아하….

나 아하…가 아니고, 이걸 증명하는 거야.

유리 모르겠어. 있잖아…, 오빠야. 왜 이야기가 이렇게 복잡하게 된 거야? n이라든지 A_n 같은 것이 나와서 싫어.

나 n이나 A_n을 이야기한 것은 문제의 내용을 정확하게 보여 주기 위해서야. '원래의 숫자'나 '처음의 숫자' 같은 표현을 하면 무엇을 가리키는 것인지도 알기 어렵잖아.

유리 있잖아, 예를 들어 123 같은 것으로 생각하면 안 돼?

나 물론 괜찮지. 먼저 구체적인 숫자로 생각해 보고 싶구나?

그건 정말 중요한 부분이야.

유리 예를 들어 $1+2+3=6$으로, 6은 3의 배수. 그리고 123을 3으로 나누면…. 음… 맞아, $123 \div 3 = 41$로 나누어떨어지니까, 123은 3의 배수네. 아싸…, 됐다!

나 응, 유리는 지금 '증명하고 싶은 것'의 ①을 구체적으로 $n=123$에 대해서 확인했네.

유리 그렇…지.

나 '예시는 이해의 시금석'이니까 구체적인 예를 만들었다는 것은, 유리가 증명하고 싶은 것을 잘 이해하고 있다고 할 수 있겠네.

유리 헤헤헤.

나 그렇지만.

유리 ?

나 이제 거기서 한 발짝 더 나가보자. 즉, 더 일반적으로 증명하고 싶다는 거야.

유리 일반적으로?

나 응. 유리는 $n=123$이라는 구체적인 숫자로 ①을 확인했어. 하지만 0부터 999까지의 모든 숫자를 확인할 수는 없는 거잖아.

유리 왜? 124나 567이나 999나 확인할 수 있거든!

나 알겠어, 내가 말을 잘 못했나 보네. 0부터 999까지의 숫자 하나하나를 확인하는 것은 불가능하지 않아. 하지만, 시간이 걸리니까.

유리 아…. 귀찮앙….

나 하나하나 알아보며 시간이 걸릴 때 수학에서는 문자를 사용해.

유리 문자?

나 응, '문자의 도입에 따른 일반화'라고 하지. n은 a, b, c라는 문자를 사용하면 다음과 같이 나타낼 수 있어.

문자를 사용해서 나타낸다.

$0 \leqq n < 1000$의 정수 n은 a, b, c라는 문자를 사용해서,

$$n = 100a + 10b + c$$

라고 나타낼 수 있다.

단, a, b, c는 0, 1, 2, 3, 4, 5, 6, 7, 8, 9 중에서 선택한다.

유리 나왔군, 숫자 폐인.

나 폐인이라고 할 정도의 수식은 아니야. $100a + 10b + c$라는 수식을 곱셈의 기호(×)를 사용해서 쓸 수 있니?

유리 쓸 수 있어…. 이거잖아?

$$100 \times a + 10 \times b + c$$

나 그래그래. 100배한 a와, 10배한 b와, c를 더한 수인 거지.

유리 있잖아…, 근데 이 a는 뭐야?

나 유리가 정말 좋은 질문을 했네. a는 100의 자리의 숫자, b는 10의 자리의 숫자, c는 1의 자리의 숫자야.

유리 왜에…?

나 어? 왜냐고?

1-4 스스로 정의한다

유리 어떻게…, 그런 걸 알 수 있어? a가 100의 자리라든지….

나 아니야, 그게 아니야. 있잖아, a는 100의 자리의 숫자, b는 10의 자리의 숫자, c는 1의 자리의 숫자를 나타낸다고 정한 건 오빠야. 지금 했듯이 스스로 정한 거야. 앞으로 증명하기 위해서 스스로 정의한 거지.

유리 그런 건 마음대로 정해도 되는 거야…?

나 응, 괜찮아. 마음대로 정의해도 돼. 맞다, 유리는 수식을 사용해서 생각하는 것에 익숙하지 않지. 수식을 사용해서 생각할 때 자신이 생각하기 쉽도록, 스스로 문자를 정의하는 게 정말 중요해. 오빠는 지금 a, b, c라는 문자를 골랐지만, 다른 문자를 써도 돼. 문자는 자유롭게 선택할 수 있어.

유리 응응.

나 다시 이야기로 돌아가자. 지금 n을 $n = 100a + 10b + c$라고 나타냈을 때, 100의 자리의 수, 10의 자리의 수, 1의 자리의 수를 각각 a, b, c라고 나타냈다고 하자. 이렇게 오빠가 정의한 것을 말하는 거야. 예를 들어 123이라면 $a = 1$, $b = 2$, $c = 3$이 되는 거지.

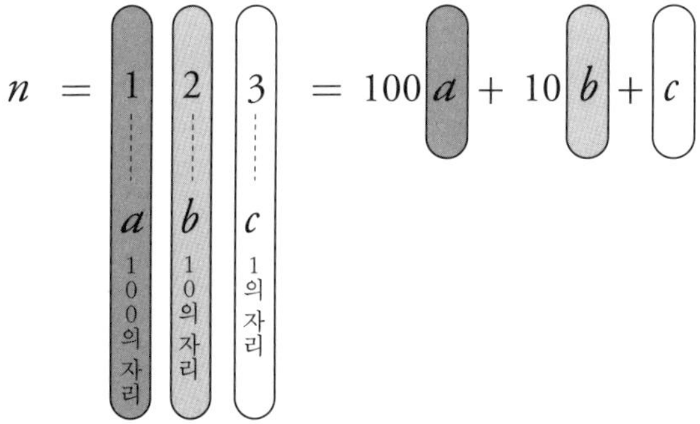

$$n = 123 = 100a + 10b + c$$

1 … a 100의 자리

2 … b 10의 자리

3 … c 1의 자리

- a는 0, 1, 2, 3, 4, 5, 6, 7, 8, 9 중 어느 것인가?

- b는 0, 1, 2, 3, 4, 5, 6, 7, 8, 9 중 어느 것인가?
- c는 0, 1, 2, 3, 4, 5, 6, 7, 8, 9 중 어느 것인가?

유리 아, 알겠어!

나 이걸로 n을 $100a + 10b + c$로 나타낼 수 있다는 것은 알겠지?

유리 당연…히.

1-5 수학적 개념을 수식으로 나타낸다

나 여기까지, n을 $100a + 10b + c$로 나타내는 수학의 방법에 익숙해졌지? 이건 '수학적 개념을 수식으로 나타내는' 연습이야.

유리 미안한데, 수학적인… 뭐?

나 수학적 개념을 수식으로 나타낸다! 수학적 개념이란 건 $0 \leqq n < 1000$에서 정수n 같이 수학적인 무엇을 조금 멋있게 말한 거야. 수학에서 증명을 할 때는 자기 머릿속에 있는 수학적 개념을 수식으로 나타내는 일이 많아. 자기가 생

각한 것을 수식으로 나타내는 것을 말하지.

유리 수학적인… 개념….

나 이제 $0 \leqq n < 1000$에서 정수 n이라는 수학적 개념을 수식으로 나타내 볼게. 또, 여기서는 각 자리의 숫자를 나타내는 문자 a, b, c를 도입해서 $100a + 10b + c$라는 수식으로 썼어.

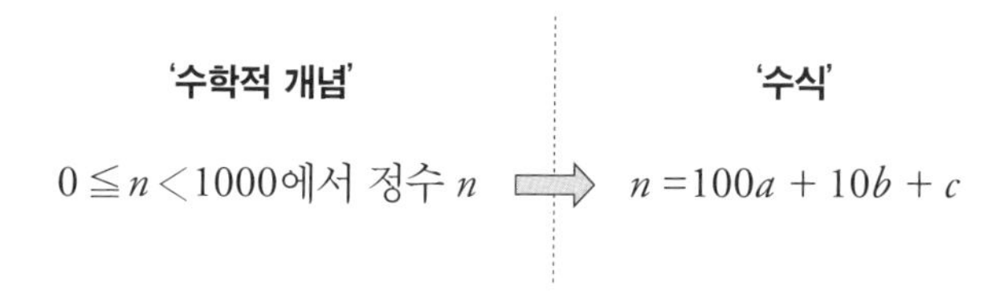

유리 수학적인… 개념…이라. 뭔가 멋있는데, 오빠야!

유리의 갈색 머리가 반짝이는 금색으로 빛났다.

나 그렇지. n이나 A_n이나 a, b, c 같은 문자가 무엇을 나타내는지 모르면 수식이 어렵게 느껴질 거야. 하지만, 문자 하나하나가 무엇을 나타내는지 침착하게 이해하면 수식 같은 건 전혀 무섭지 않지.

유리 이것 보세요, 유리는 수식이 무섭다고 말한 적 없거든요! 단지, 조금 귀찮다고 생각했을 뿐이야!

나 그랬어?

유리 어쨌든, 이제부터 어떻게 할 거야? 증명하는 거지?

나 다음은 n의 각 자리의 숫자를 모두 더한 수, 즉 An을 수식을 사용해서 나타내 볼게. 할 수 있어?

유리 당연하지. 간단하네! $A_n = a + b + c$잖아!

n의 각 자리의 숫자를 모두 더한 수를 A_n이라고 하면, A_n은, $A_n = a + b + c$로 나타낼 수 있다.

나 그렇지! 우리는 a, b, c가 각각 각 자리의 숫자를 나타내고 있다고 정의했어. 그러니까 각 자릿수를 모두 더한 수 A_n은 $A_n = a + b + c$라고 나타낼 수 있지.

유리 수식 같은 거 간단하네.

나 갑자기 어른인 척하지 마.

유리 그래서? 다음은?

나 여기까지 같이 생각한 것을 정리해 보자.

$0 \leqq n < 1000$에서 정수 n은….

$n = 100a + 10b + c$라고 나타낼 수 있다.

n의 각 자리의 숫자를 모두 더한 수 A_n은….

$A_n = a + b + c$로 나타낼 수 있다.

유리 응, 거기까진 알겠어. 완벽해.

나 우리가 증명하고 싶은 건 이거야.

증명하고 싶은 것

n을, $0 \leqq n < 1000$의 정수라고 한다.

$(n = 0, 1, 2, \cdots, 998, 999)$

A_n을, n의 각 자리의 숫자를 모두 더한 수라고 한다.

이때, 다음이 성립한다.

① A_n이 3의 배수이면,

n도 3의 배수가 된다.

② A_n이 3의 배수가 아니면,

n도 3의 배수가 아니다.

유리 응, 그렇지.

1-6 수식의 힘을 믿고 나아간다

나 우리가 증명하고 싶은 것은 수식을 사용해서 나타내면 이렇게 돼.

① $a + b + c$가 3의 배수이면,
$100a + 10b + c$도 3의 배수이다.

② $a + b + c$가 3의 배수가 아니면,
$100a + 10b + c$도 3의 배수가 아니다.

유리 응….

나 여기까지 정리가 되었다면, 이제 $100a + 10b + c$에서 3의 배수를 될 수 있는 한 끌어내 보자.

유리 3의 배수를 끌어내?

나 그래, 이렇게 말이야.

$$100a + 10b + c = 99a + a + 10b + c$$ 100a를 $99a + a$로 했다.

$$= 3 \times 33a + a + 10b + c$$ 99a를 $3 \times 33a$로 했다.

$$= 3 \times 33a + a + 9b + b + c$$ 10b를 $9b + b$로 했다.

$$= 3 \times 33a + a + 3 \times 3b + b + c$$ 9b를 $3 \times 3b$로 했다.

$$= 3 \times 33a + 3 \times 3b + a + b + c$$ 덧셈의 순서를 바꿨다.

$$= 3 \times (33a + 3b) + a + b + c$$ 3으로 묶었다.

$$100a + 10b + c = 3 \times (33a + 3b) + a + b + c$$ 그 결과, 이 식을 얻었다.

나 자, 어때!

유리 복잡해…! 왜 100a를 $3 \times 33a + a$로 했어?

나 3의 배수를 될 수 있는 한 끌어내 보고 싶었으니까.

유리 그…러…니…까, 왜?

나 왜냐면…. 마지막에 얻은 식을 보면 알 수 있어.

$$100a + 10b + c = 3 \times (33a + 3b) + a + b + c$$

유리 몰라.

나 순서를 바꿔서…, 이게 알기 쉬운가?

$$100a + 10b + c = a + b + c + 3 \times (33a + 3b)$$

유리 역시, 모르겠어.

나 잘 봐. $3 \times (33a + 3b)$를 보면 3의 배수잖아.

유리 응, 그건 그렇…네. 3을 곱해서 그렇잖아?

나 우변을 보면 $a + b + c$에 3의 배수를 더한 게 돼.

$$100a + 10b + c = a + b + c + \underbrace{3 \times (33a + 3b)}_{3\text{의 배수}}$$

유리 그래서?

나 어떤 수에 3의 배수를 더해도 3의 배수인지 아닌지는 변하지 않아. $100a + 10b + c$는 $a + b + c$에 3의 배수를 더해도 만들어지지. 그러니까 $100a + 10b + c$가 3의 배수인지 아닌지와 $a + b + c$가 3의 배수인지 아닌지는 언제나 일치하는 거지.

유리 아, 아까 했던 그거…!

나 이걸로 증명했네. 어떤 수가 3의 배수인지 아닌지 판정하고 싶다면, 각 자리의 수의 합이 3의 배수인지 아닌지를 확인하면 되는 거야.

증명한 것

n을, $0 \leqq n < 1000$의 정수라고 한다.

$(n = 0, 1, 2, \cdots, 998, 999)$

A_n을, n의 각 자리의 숫자를 모두 더한 수라고 한다.

이 때, 다음이 성립한다.

① A_n이 3의 배수이면,

n도 3의 배수가 된다.

② A_n이 3의 배수가 아니면,

n도 3의 배수가 아니다.

나 이걸로 1000보다 작은 경우는 증명됐어. 이걸 더욱 일반화해 보자. 수학이 재밌어지는 것은 지금부터야. 준비됐지?

유리 잠깐만 기다려, 오빠야.

나 응, 왜?

유리 있잖아, 오빠야. 오빠야가 보여준 증명은 알겠어. 이유도 잘 알겠지만, 아직 이해가 안 돼. 딱! 하고 알 수 없는 부분이 있어.

나 그게 뭔데?

유리 있잖아, 아까 이거.

어떤 수에 3의 배수를 더해도,
3의 배수인지 아닌지는 변하지 않는다.

나 응?

유리 이 부분이 애매해.

나 그렇구나…. 좋아, 그럼 그걸 자세하게 이야기해 보자.

유리 응!

1-7 나머지를 생각한다

나 유리가 이해하지 못하는 부분을 써보면 이렇게 돼.

유리의 궁금증

n을 0 이상의 정수라고 한다.($n=0, 1, 2, 3\cdots$)

① n이 3의 배수이면,

n에 3의 배수를 더한 수도 3의 배수이다.

② n이 3의 배수가 아니면,

n에 3의 배수를 더한 수도 3의 배수가 아니다.

유리 응, 그래. 그대로야. 대충 알겠는데, 정확히 알 수가 없어.

나 이걸 이해하려면 3으로 나눈 나머지를 생각하는 게 좋아.

유리 나머지? 3으로 나눴을 때의 나머지?

나 응, 나머지. n을 3으로 나눴을 때의 나머지는 3가지가 있지. 0이 남을 때, 1이 남을 때, 2가 남을 때.

유리 '0이 남을 때'라는 건 '남지 않을 때'를 말하는 거지? 보통은 '나누어떨어진다'고 말하지 않아?

나 응, 그렇긴 하지. 어쨌든 3으로 나눴을 때의 나머지는 3가지가 있어.

유리 응.

나 그걸 이렇게 그려보자.

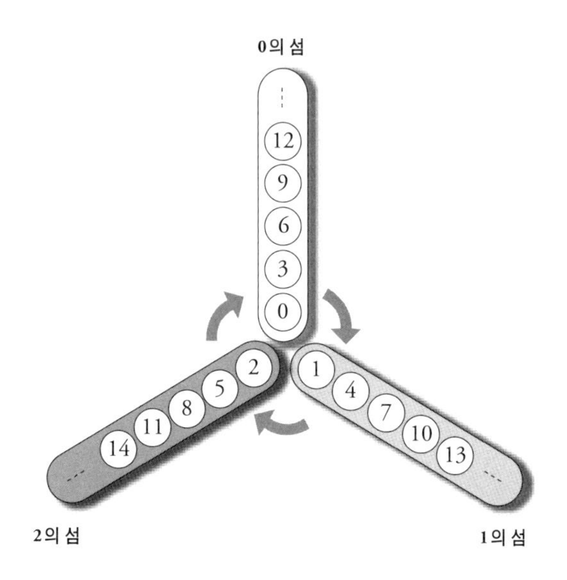

유리 이게 뭐야?

나 3개의 '섬'을 그리고, 0의 섬, 1의 섬, 2의 섬이라고 이름을 붙여. 그리고 거기에 0, 1, 2, 3…이라고 숫자를 이렇게 넣는 거지.

- 3으로 나눠서 나머지가 0이 되는 수는 0의 섬에 넣는다.
- 3으로 나눠서 나머지가 1이 되는 수는 1의 섬에 넣는다.
- 3으로 나눠서 나머지가 2가 되는 수는 2의 섬에 넣는다.

유리 오호….

나 이렇게 하면 0은 0의 섬에 들어가고, 1은 1의 섬에 들어가고, 2는 2의 섬에 들어가지.

유리 그러네.

나 자, 3은 어느 섬에 들어갈까? 3의 섬은 없어.

유리 3은 0의 섬! 왜냐면 3을 3으로 나누면 나머지는 0이니까.

나 그렇지. 3은 0의 섬에 들어가. 4는 1의 섬, 5는 2의 섬….

유리 아…, 알았으니까 됐어. 0의 섬, 1의 섬, 2의 섬…의 순서로 빙글빙글 도는 거지?

나 그렇지.

유리 1을 더할 때마다 다음 섬으로 가는 거네.

나 그래. 화살표를 따라서 도는 거야. 있잖아 유리야. 이 그림을 보면 잘 알 수 있어. 어떤 수에 3을 더해도 섬에서 빠져나가지 않아.

유리 아, 진짜네! 1을 세 번 더하는 거니까. 결국 원래의 섬으로 돌아오게 되네.

나 이게 유리의 질문에 대한 대답이야.

유리 엥? 아, 그러네! '어떤 수에 3의 배수를 더했을' 때 빙글빙글 돌아서 결국 똑같은 섬에 오게 되네.

나 맞아 맞아. 3의 배수를 더한다는 건, 3을 몇 번 더한 것과 같은 거지. 즉, 3의 배수를 더해도 같은 섬에 있게 된다는 거야. 그러니까 '어떤 수에 3의 배수를 더해도 3의 배수인지 아닌지는 변하지 않는다'고 할 수 있지.

유리 잘 알았어! 3의 배수를 더해도 3의 배수인지 아닌지는 변하지 않는다. 3을 더해도, 6을 더해도, 9를 더해도….

나 이걸로 1000보다 작은 경우의 증명은 확실해졌네. 아까 말했었지만, 더 일반화해 보자. 수학이 재밌어지는 건 지금부터야. 준비됐지?

유리 잠깐만, 오빠야.

나 윽, 또 왜?

1-8 유리의 주장

유리 있잖아, 3의 배수 판정법 말인데….

나 응.

유리 오빠야는 $100a + 10b + c$나 $a + b + c$를 사용했지만, 더 간단한 방법이 떠올랐어.

나 오! 뭐가 떠올랐어?

유리 각 자릿수를 더해서 판정하는 거잖아?

나 응, 그렇지.

유리 0은 3의 배수니까, 거기에 1씩 더해 가는 거야. 그러…면, 배수 → 아니다 → 아니다 → 배수 → 아니다 → 아니다 → 배수 → …가 되는 거지. 어느 쪽도 똑…같아.

나 어? 잘 모르겠는데. 유리야, 뭘 말하고 싶은 거야? 배수·아니다·아니다…. 이게 뭐야?

유리 0은 3의 배수잖아.

나 응.

유리 1은 3의 배수가 아니고.

나 그렇지.

유리 2도 3의 배수가 아니고.

나 그렇지.

유리 그러니까 0, 1, 2는 배수 → 아니다 → 아니다가 되는 거지.

나 아아, 그거야? 3의 배수가 3개마다 나오는 걸 이야기하고 싶은 거였구나.

유리 그니까, 그…렇…게 말했잖아!

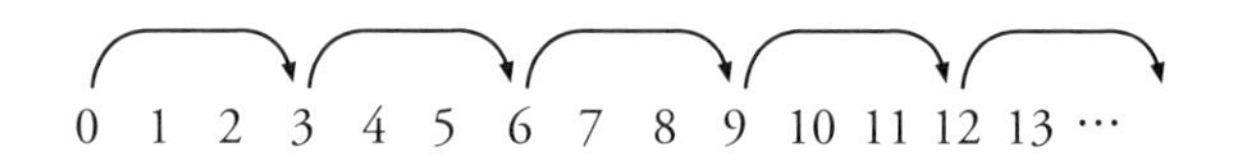

3의 배수는 3개마다 나온다.

나 그런데, 지금 생각하고 있는 건 '3의 배수 판정법'인데.

유리 그…니…까…! 지금 설명하고 있잖아! 잘 들어 봐. 3의 배수는 어느 쪽도 3개씩이라고! 그래서 덧셈은 올림 부분이 9까지니까 괜찮아. 1의 자리에 1을 더할지, 10의 자리에 1을 더할지의 차이니까. 그러니 증명됐다!

나 뭐가? 미안한데 유리야. 무슨 말을 하고 싶은 건지 모르겠어.

유리 에…! 왜? 왜 몰라? 짜증나!

평소와 다르게 큰 소리를 낸 유리.

눈물을 글썽이자 나는 당황했다.

아마도 나는 유리의 이야기를 끈기 있게 들어주는 편이라고 생각한다.

또한, 유리가 설명하고 싶은 것도 먼저 알아차리고 있다고 생각한다. 하지만, 이번에는 아직 모르겠다.

유리는 도대체 무엇을 생각하고 있는 걸까?

1-9 유리의 설명

나 있잖아, 유리야. 잘 들어 볼 테니까 조금 천천히 설명해 줄래?

유리는 잠시 뾰로통해 있었지만 마지못해 이야기를 꺼낸다.

유리 있잖아…, 유리는 0부터 순서대로 생각했어.

나 응, 그래서?

유리 그래서, 만약 0이라면 '말할 수' 있잖아?

나 '말할 수' 있다니…, 뭐가?

유리 아으…! 'n의 각 자릿수를 모두 더한 수 A_n은 3의 배수이다'가 'n은 3의 배수이다'의 판정법이라는 것을 말할 수 있잖아, 0이라면!

나 아, 그렇지. 정말 그러네. $n = 0$이라면 $A_n = 0$이고, 양쪽 모두 3의 배수니까.

유리 그러니까 0에서 순서대로 1, 2, 3, 4, 5, 6, 7, 8, 9까지는 A_n과 n은 모두 1씩 늘어나잖아. 그때 'n이 3의 배수인지 아닌지'와 'A_n이 3의 배수인지 아닌지'는 똑같지. 왜냐면 $A_n = n$이니까.

나 정말이네.

유리 문제는 올림이 있을 때까지야. 그니까, 올림에 대해서 주의하면 되…는 거지!

나 오, 유리가 말하고 싶은 걸 알겠어.

유리 올림이 있다는 건 어느 자리인가의 9에 1을 더할 때 뿐이지?

나 그렇지.

유리 1을 더해서 올림이 있을 때, 9가 0이 되잖아?

나 응, 그 자리는 9가 0이 되지.

유리 그래서, 윗자리에 1을 더하게 되고.

나 올림 한 만큼 말이지. 좋아.

유리 그렇다는 건 각 자릿수를 전부 더한 수는 9를 빼서 1을 더한 게 되는 거지.

나 아, 정말이네. n에 1을 더할 때 올림이 있으면, 각 자릿수를 더한 수는 9를 빼서 1을 더한 게 되네. 예를 들어 $n = 129$라고 하면, 각 자릿수를 더한 수는 $1 + 2 + 9 = 12$네. n에 1을 더하면 130이 되고, 그 자릿수를 더한 수는 $1 + 3 + 0 = 4$가 되지. 이 4는 12에서 9를 빼고 1을 더한 $12 - 9 + 1 = 4$로 계산되네.

유리 그렇지, 그렇지…!

나 그렇군, 이렇게 수식으로도 쓸 수 있네.

$$A_{n+1} = A_n - 9 + 1$$ 올림이 한 번만 있을 경우

유리 음…. 아, 그렇네! 그리고 99에서 100이 되는 것 같이 올림이 몇 번 계속될 때도 있지만, 그때는 각 자릿수를 더한 수에서 9를 몇 번인가 빼서 1을 더하면 돼. 그래서 9의 배수를 빼고 1을 더하는 거지?

나 그렇지, 그렇지. n에 1을 더하면, 각 자릿수를 더한 수는 9의 배수를 빼고 1을 더한 수가 되는 거지. 즉, 이렇게 되는 거야.

$$A_{n+1} = A_n - 9m + 1$$ m은 올림의 횟수 $(m = 0, 1, 2\cdots.)$

유리 맞아! 음…. 근데 9의 배수를 빼도 3의 배수인지 아닌지는 변하지 않아! 왜냐하면, 잘 봐. 아까 3개의 섬을 생각해 보면, 9의 배수를 빼는 것은 거꾸로 빙글빙글 돌아서 결국 같은 섬에 돌아오는 거잖아!

나 그렇지. 9의 배수는 3의 배수이기도 하니까.

유리 그러니까 결국 올림이 있어도 1을 더한 거랑 똑같은 거지!

나 음, 그렇게 생각했구나. 재미있네.

유리 그러니까 n에 1을 더한 수가 3의 배수인지 아닌지는 A_n에 1을 더한 수가 3의 배수인지 아닌지와 같은 거지!

유리는 자신의 발견에 씩씩거리며 콧김을 내뿜고 있다.

나는 유리가 생각한 것을 천천히 머릿속에서 풀어간다.

나 유리야, 정말 좋은 걸 발견했네.

유리 그치? 그치?

유리의 발견

'n의 각 자릿수를 모두 더한 수 A_n이 3의 배수인지 아닌지'와 'n 자체가 3의 배수인지 아닌지'는,

n을 0, 1, 2…의 순서로 늘려갈 때,

언제나 일치한다.

유리 아싸!

아무래도 유리의 기분이 나아진 듯하다.

나 그런데 3의 배수 판정법과 9의 배수 판정법은 똑같아.

유리 아, 그것도 수업에서 배웠어.

나 그래?

유리 응. 근데 '각 자릿수를 모두 더한 수가 9의 배수인지 아닌지'가 '9의 배수인지 아닌지'의 판정법이잖아?

나 그렇지. 유리의 발견을 이용해서 말하면 올림 때문에 9의 배수를 빼고 1을 더하게 되는 거니까 3의 배수와 9의 배수 판정법이 같은 것은 이해할 수 있지?

유리 그…렇죠냐옹….

나 …응?

무엇인가 나의 마음을 울렸다.

마침, 그때 엄마의 목소리.

엄마 얘들아, 과자 먹지 않을래?!

유리 네에…, 지금 갈게…요!

나 ….

유리 오빠야, 얼른 과자 먹으러 가자!

나는 유리에게 끌려가며 생각했다.

'3의 배수 판정법'과 '9의 배수 판정법'이 같은 것은 유리의 발견과 관련되어 있다. 3이나 9 중 어떤 수로도 9를 나눌 수 있다.

그러니까, '3의 배수 판정법'과 '9의 배수 판정법'은 같다. 여기서 9가 열쇠가 되는 것은 우리가 사용하고 있는 숫자가 10진수로 표기되어 있기 때문이다. 일반화해서 n진수라도 똑같지 않은가. 올림으로 '$n-1$을 빼고 1을 더하게' 되고, '$n-1$을 나누어 떨어지는 수의 배수 판정법'이 만들어지지 않을까?

유리 오빠야, 무슨 생각하고 있어?

'하지만 '판정법'을 확장하려면 이유를 알지 않으면 안 된다.'

제1장의 문제

문제가 풀리지 않으면 언제든지 해답을 봐도 상관없다.

하지만 부디 처음에는 자신의 힘으로 풀어보길 바란다.

그렇게 해야 많은 것을, 또한 빨리 배울 수 있을 것이다.

— 도널드 크누스(수학자, 스탠퍼드 대학교 명예교수)

●●● 문제 1-1 (3의 배수를 판정한다)

(a), (b), (C)가 3의 배수인지 각각 판정하시오.

(a) 123456

(b) 199991

(C) 111111

(해답은 272쪽에)

●●● 문제 1-2 (수식으로 나타낸다)

n을 $0 \leqq n < 1000$의 범위에 있는 짝수라고 한다. n의 100의 자리, 10의 자리, 1의 자리를 각각 정수 a, b, c라고 나타내면 a, b, c는 각각 어떤 수를 취할 가능성이 있는가?

(해답은 274쪽에)

문제 1-3 (표를 만든다)

'나'는 n의 각 자리의 숫자를 더한 수를 A_n 이라고 썼다. 이것을 쓰는 방법은,

$$A_{316} = 3 + 1 + 6 = 10$$

으로 계산할 수 있다. 아래 표의 빈칸을 채우시오.

n	0	1	2	3	4	5	6	7	8	9
A_n										

n	10	11	12	13	14	15	16	17	18	19
A_n										

n	20	21	22	23	24	25	26	27	28	29
A_n										

n	30	31	32	33	34	35	36	37	38	39
A_n										

n	40	41	42	43	44	45	46	47	48	49
A_n										

n	50	51	52	53	54	55	56	57	58	59
A_n										

n	60	61	62	63	64	65	66	67	68	69
A_n										

n	70	71	72	73	74	75	76	77	78	79
A_n										

n	80	81	82	83	84	85	86	87	88	89
A_n										

n	90	91	92	93	94	95	96	97	98	99
A_n										

n	100	101	102	103	104	105	106	107	108	109
A_n										

(해답은 276쪽에)

제2장

선택할 수 없지만 보이는 수

"도넛을 만들지 않고도,

도넛의 구멍을 만들 수 있을까?"

2-1 도서실에서

여기는 고등학교의 도서실.

지금은 방과 후.

후배인 활기찬 소녀 테트라가 책을 보고 있다.

나 테트라, 곤란한 표정이네.

테트라 선배! 아, 그랬나요? 그렇게 곤란한 표정을 짓고 있었나요? 죄송해요.

나 아니야, 미안해할 필요까진 없어. 수학 문제니?

테트라 아니요. 이 책에 쓰여 있는 '에라토스테네스의 체'에 대한 설명을 읽고 있었어요.

나 아, 소수를 구하는 방법이잖아.

테트라 음…, 역시 알고 계셨군요.

나 응. 소수를 이야기할 때면 '에라토스테네스의 체'는 꼭 나오니까. 특히 수학 도서에서는 말이지.

테트라 그렇군요….

나 하지만 그렇게 어렵다고는 생각하지 않았는데.

나는 그렇게 말하며 테트라 옆에 앉았다.

테트라에게서는 언제나 달콤한 향기가 난다.

테트라 이 책에는 그렇게 어렵게 쓰여 있지는 않아요. 에라토스테네스가 정말 똑똑한 사람이란 건 알겠는데, 그 뒤로는 순서대로 배수를 지워가면 소수가 나타난다는 설명과 소수표가 그려져 있을 뿐….

나 어디, 어디…. 아, 그러네. 이것만으로는 알 수가 없겠네. 전혀 어려운 이야기는 아니야. 같이 해 볼까?

테트라 네, 부탁드려요.

2-2 소수와 합성수

나 '에라토스테네스의 체'는 말이지….

테트라 아, 죄송하지만, 시작하기 전에 확인하고 싶은 게 있는데요. 소수의 정의는 이걸로 괜찮은가요?

소수의 정의

1보다 큰 정수 중에서
1과 자기 자신 외에 약수(나머지 없이 나눌 수 있는 정수)를
갖지 않는 수를 소수라고 한다.

나 응, 그거야. 소수의 구체적인 예는 말할 수 있지?

테트라 네, 먼저 2죠. 그리고 3이고, 5와 7, 그리고 11인가요?

나 그렇지.

테트라 2를 나눌 수 있는 수, 즉 약수는 1과 2예요. 3의 약수는 1과 3이에요. 5의 약수는 1과 5고, 7의 약수는 1과 7이고, 11의 약수는 1과 11이고….

나 맞아 맞아, 말한 그대로야. 1과 자기 자신 외에는 약수가 없지. 소수의 정의대로네.

테트라 네.

나 테트라가 아까 건너뛴 4나 6이나 8, 9, 10은 소수가 아닌 합성수야.

테트라 합성수…. 왜 그런 이름이에요?

나 합성수라는 건 '2개 이상의 소수의 곱으로 나타낼 수 있는 수'니까. 소수를 곱해서 만드는…, 즉 소수를 가지고 합성

한 수라는 의미라고 생각해.

테트라 아하.

합성수의 정의

2개 이상의 소수의 곱으로 나타낼 수 있는 수를 합성수라고 한다.

나 1보다 큰 정수를 소인수분해해서 소수의 곱의 형태로 써 보면 차이가 확실해져.

$2 = 2$	2는 소수
$3 = 3$	3은 소수
$4 = 2 \times 2$	4는 합성수 (소수 2와 소수 2의 곱)
$5 = 5$	5는 소수
$6 = 2 \times 3$	6은 합성수 (소수 2와 소수 3의 곱)
$7 = 7$	7은 소수
$8 = 2 \times 2 \times 2$	8은 합성수 (소수 2와 소수 2와 소수 2의 곱)
$9 = 3 \times 3$	9는 합성수 (소수 3과 소수 3의 곱)
$10 = 2 \times 5$	10은 합성수 (소수 2와 소수 5의 곱)

테트라 합성수는 $4 = 2 \times 2$나 $6 = 2 \times 3$같이 소수를 곱한 형태가 되는 거군요.

나 그래, 그래. 그리고 합성수는 약수가 3개 이상이 돼.

2의 약수(2를 나눌 수 있는 수)는 1과 2로 2개	2는 소수
3의 약수는 1과 3으로 2개	3은 소수
4의 약수는 1과 2와 4로 3개	4는 **합성수**
5의 약수는 1과 5로 2개	5는 소수
6의 약수는 1과 2와 3으로 4개	6은 **합성수**
7의 약수는 1과 7로 2개	7은 소수
8의 약수는 1과 2와 4와 8로 4개	8은 **합성수**
9의 약수는 1과 3과 9로 3개	9는 **합성수**
10의 약수는 1과 2와 5와 10으로 4개	10은 **합성수**

테트라 어라? 1은 어떻게 되는 거예요?

나 1은 소수도 합성수도 아니야.

테트라 그런가요?

나 1은 소수가 아니야. 1을 소수의 곱으로 나타낼 수도 없잖아. 1은 단수라고 해.

테트라 단수에 소수에 합성수에….

나 그리고 0은 단수도 소수도 합성수도 아니야.

테트라 뭔가 복잡해졌네요!

나 정리해 보면 괜찮아. 0 이상의 정수 (0, 1, 2, 3…)은 깨끗하게 정리할 수 있어. 누락도 없고, 겹침도 없고.

0 이상의 정수 (0, 1, 2, 3…)의 분류

영	0													
단수		1												
소수			2	3		5		7				11		…
합성수					4		6		8	9	10		12	…

테트라 누락도 없고, 겹침도 없고….

나 잘 봐. 0, 1, 2, 3…에서 0과 단수와 합성수를 전부 없애면 뭐가 남을 거 같아?

테트라 음…. 아, 소수요?

나 그래, 소수가 남지. 그게 바로 '에라토스테네스의 체'야. 영(0)과 단수 (1)은 바로 없어지지. 그리고 합성수도 없애버리면 돼. 합성수를 없애고 소수를 구한다. 그게 '에라토스테네스의 체'의 구조야.

테트라 합성수를 없애고 소수를 구한다…!는 건 구체적으로 어떻게 하는 거죠?

나 예를 들어 2라는 소수가 있으면 4, 6, 8, 10…과 같이 '2보다 큰 2의 배수'를 없애는 거지.

테트라 아…. 네….

나 그럼 '에라토스테네스의 체'로 소수를 구해 보자!

테트라 네!

2-3 에라토스테네스의 체

나 먼저 0, 1, 2, 3…이라는 표를 만들어. 예를 들어 99까지의 표.

테트라 네.

0	1	2	3	4	5	6	7	8	9
10	11	12	13	14	15	16	17	18	19
20	21	22	23	24	25	26	27	28	29
30	31	32	33	34	35	36	37	38	39
40	41	42	43	44	45	46	47	48	49
50	51	52	53	54	55	56	57	58	59
60	61	62	63	64	65	66	67	68	69
70	71	72	73	74	75	76	77	78	79
80	81	82	83	84	85	86	87	88	89
90	91	92	93	94	95	96	97	98	99

0 이상 99 이하의 정수

나 먼저 영 (0)과 단수 (1)을 없애.

테트라 이렇게 말이죠?

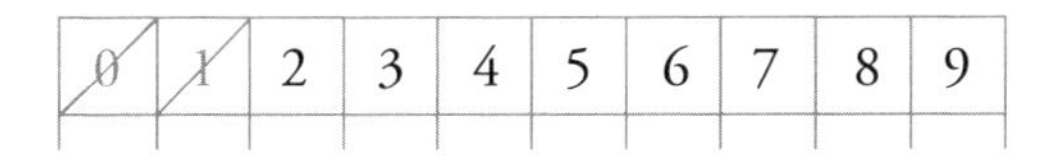

0과 1을 없앤다

나 응, 좋아. 표를 보면 다음의 수 (2)보다 작은 수는 없으니까, 2는 1과 자기 자신 이외에 약수를 갖지 않는 걸 알 수 있어. 즉, 2는 소수라고 결정했어. 동그라미를 쳐 봐.

테트라 2에 동그라미를…. 네, 쳤어요. 소수라는 표시인 거네요.

2는 소수로 결정했다.

나 지금부터 '2보다 큰 2의 배수'를 없앨 거야.

테트라 그렇다면, 4와 6과 8과 10, 12, 14, 16, 18…. 아, 하나씩 건너뛰며 없애면 되겠네요.

0	1	2	3	4	5	6	7	8	9
10	11	12	13	14	15	16	17	18	19

2보다 큰 2의 배수를 없앤다.

나 그렇지. '2의 배수를 없앤다'는 건 '2로 나누어떨어지는 수'를 없애는 걸 의미해.

테트라 20, 22, 24, 26….

나 있잖아, 테트라.

테트라 28, 30, 32….

나 테트라?

테트라 …34, 네?

나 '2의 배수를 없앤다'는 건 '2로 나누어떨어지는 수를 없앤다'는 거잖아?

테트라 네, 그렇죠.

나 '2로 나누어떨어지는 수'를 없애는 건 '2를 약수로 갖는 수'를 없애는 거야.

테트라 네, 알고 있어요.

나 2보다 큰 2의 배수를 없애면 2를 약수로 갖는 합성수가 없어지는 거지.

테트라 진짜네! 자… 잠깐만요. 지우고 있는 중인데, 2를 약수로 갖는 합성수를 전부 없애버릴게요! 34, 36…, 98도.

나 없앴지?

테트라 없어졌네요. 2보다 큰 2의 배수는 전부 없어졌어요.

0	1	2	3	4	5	6	7	8	9
10	11	12	13	14	15	16	17	18	19
20	21	22	23	24	25	26	27	28	29
30	31	32	33	34	35	36	37	38	39
40	41	42	43	44	45	46	47	48	49
50	51	52	53	54	55	56	57	58	59
60	61	62	63	64	65	66	67	68	69
70	71	72	73	74	75	76	77	78	79
80	81	82	83	84	85	86	87	88	89
90	91	92	93	94	95	96	97	98	99

2보다 큰 2의 배수를 없앴다.

나 없어지지 않은 최소의 수는 3이니까, 3이 다음의 소수가 돼.

테트라 왜 그렇게 말할 수 있어요?

나 1과 3 자신을 빼고 생각하면, 3의 약수가 되는 후보는 2뿐이야.

테트라 네.

나 2보다 큰 2의 배수는 지웠으니까, 남아 있는 3은 2의 배수가 아니지.

테트라 네, 그렇죠.

나 3이 2의 배수가 아니라는 건 2도 3의 배수가 아니라는 거야. 그러니까 3은 1과 3 자신만 약수로 갖는 것이 돼.

테트라 그렇구나!

나 3은 1과 자신 이외의 약수를 갖지 않아. 그러니까 3은 소수라고 말할 수 있지. 소수의 정의 그대로야.

테트라 알겠어요, 정말이네요.

나 그럼, 3에 동그라미를 쳐 보자!

테트라 네! 3은 소수로 결정!

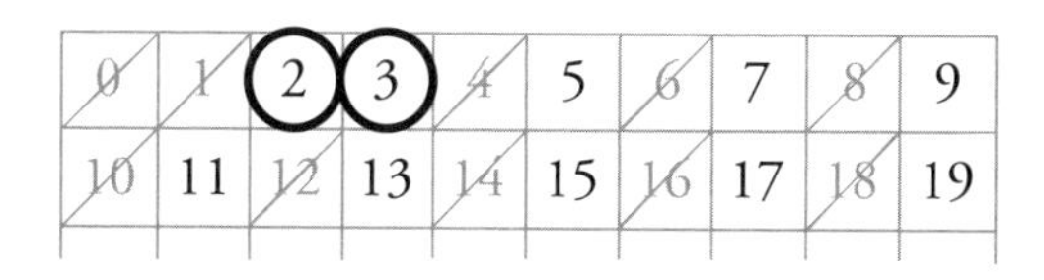

3은 소수로 결정했다.

나 이번엔, 3보다 큰 3의 배수를 없앨게. 6, 9, 12, 15, 18…이지.

테트라 아…, 그렇구나. 아까랑 같네요. 어? 6은 이미 없어져 있어요.

나 6은 2의 배수이기도 하니까.

테트라 그건 그러네요. 그럼, 일단 다시 없앨게요.

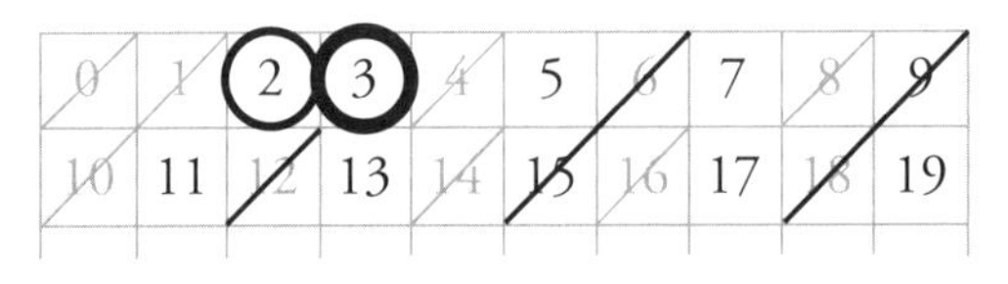

3보다 큰 3의 배수를 없앤다.

나 3의 배수를 없애면 6의 배수도 없어진다고 말할 수 있지. 6의 배수는 2의 배수이기도 하고, 3의 배수이기도 하니까.

테트라 그렇구나…! 네, 했어요. 3의 배수를 전부 없앴어요.

나 다음으로 남아 있는 수는 뭘까?

0	1	2	3	4	5	6	7	8	9
10	11	12	13	14	15	16	17	18	19
20	21	22	23	24	25	26	27	28	29
30	31	32	33	34	35	36	37	38	39
40	41	42	43	44	45	46	47	48	49
50	51	52	53	54	55	56	57	58	59
60	61	62	63	64	65	66	67	68	69
70	71	72	73	74	75	76	77	78	79
80	81	82	83	84	85	86	87	88	89
90	91	92	93	94	95	96	97	98	99

2의 배수와 3의 배수를 없앤다.

테트라 5네요! 5가 남아 있는 최소의 수예요.

나 그렇지.

테트라 5는 2로도 3으로도 없앨 수 없어요. 그러니까 5의 약수는 1과 5뿐이 없네요. '1과 5 자신 외에 약수가 없다.' 그러니까 역시 5는 소수네요!

나 응, 그렇지. 5의 약수의 후보로는 4도 있지만, 4는 2의 배수로서 이미 없어졌으니까. 만약 4가 5의 약수라면, 5는 4의 배수가 돼서, 4가 없어질 때 5도 없어지지 않으면 안 돼. 그러니까 5를 나눌 수 있는 수는 1과 5뿐이지.

테트라 그럼 5에 동그라미를 치고, 10, 15, 20, 25…를 없앨게요. 아, 없어지는 수가 세로로 줄지어 있어요.

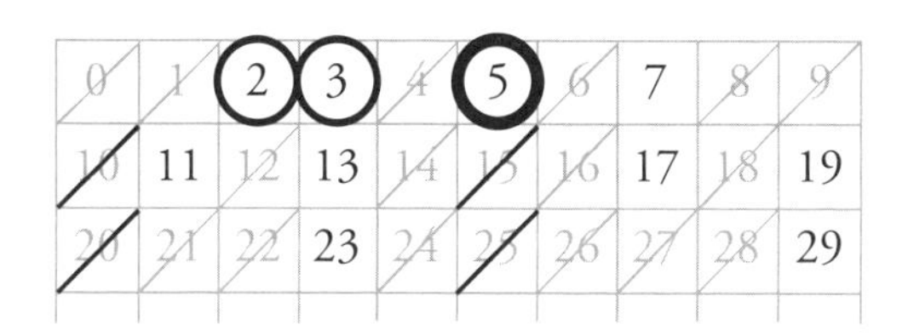

5는 소수로 결정했기 때문에 5보다 큰 5의 배수를 없앤다.

나 1행에 10개의 수가 있고, 10은 5로 나눠지니까.

테트라 그렇구나…. 네, 95까지 없앴어요.

0	1	2	3	4	5	6	7	8	9
10	11	12	13	14	15	16	17	18	19
20	21	22	23	24	25	26	27	28	29
30	31	32	33	34	35	36	37	38	39
40	41	42	43	44	45	46	47	48	49
50	51	52	53	54	55	56	57	58	59
60	61	62	63	64	65	66	67	68	69
70	71	72	73	74	75	76	77	78	79
80	81	82	83	84	85	86	87	88	89
90	91	92	93	94	95	96	97	98	99

5의 배수도 없앤다.

나 다음의 수는….

테트라 7이에요! 7의 배수, 하나씩 없애버려요!

0	1	2	3	4	5	6	7	8	9
10	11	12	13	14	15	16	17	18	19
20	21	22	23	24	25	26	27	28	29
30	31	32	33	34	35	36	37	38	39
40	41	42	43	44	45	46	47	48	49
50	51	52	53	54	55	56	57	58	59
60	61	62	63	64	65	66	67	68	69
70	71	72	73	74	75	76	77	78	79
80	81	82	83	84	85	86	87	88	89
90	91	92	93	94	95	96	97	98	99

7의 배수도 없앤다.

나 다음은 11이네.

테트라 재밌네요. 2, 3, 5, 7, 11로, 정말 소수를 발견했네요…! 어, 선배?

나 왜?

테트라 11의 배수 22, 33, 44, 55, 66, 77, 88, 99는 이미 없어졌어요! 엄청난 우연이네요.

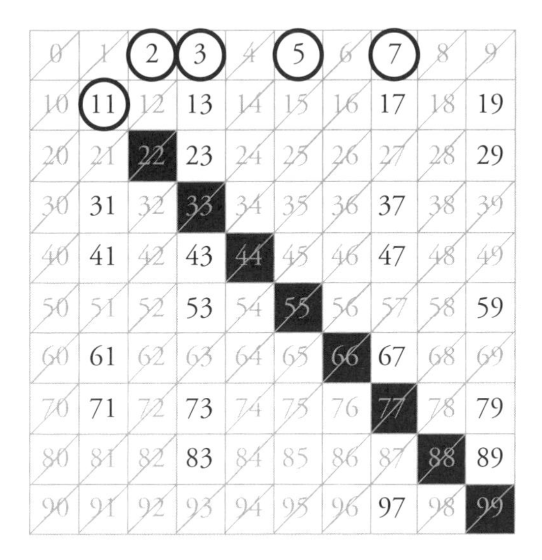

11의 배수는 모두 없어졌다.

2-4 우연?

나 아니. 테트라, 우연이 아니야. 왜냐하면 $11^2 > 99$이니까.

$$11^2 = 11 \times 11 = 121 > 99$$

테트라 네? 무슨 말씀이세요…?

나 11보다 큰 11의 배수는 11×2, 11×3, 11×4…잖아.

테트라 네.

나 11×2는 2의 배수이기도 해. 11×3은 3의 배수이기도 하지. 11×4는 4의 배수이기도 하고.

테트라 아….

나 11의 배수는 $11 \times n$이라는 형태를 하고 있으니까, 11의 배수이기도 하고 n의 배수이기도 하지. 지금 테트라는 2의 배수, 3의 배수, 5의 배수, 7의 배수를 모두 없애고, 11에 동그라미를 쳤어. 그렇다는 건, 11 이하의 수는 모두 '동그라미가 쳐져 있던지', '없어졌던지' 둘 중 하나인 거지.

테트라 알 것 같아요!

나 그러니까 11보다 큰 11의 배수 중에서 '지워지지 않고 남아 있는 수가 있다'면, 그 수는 $11 \times n$에서 n이 11보다 클 거야. 11 이하의 수는 전부 조사했으니.

테트라 이해했어요.

나 하지만, $n \geqq 11$라면 $11 \times n \geqq 11 \times 11 = 121$이 돼서, 이 표의 범위를 넘어버리지. 그러니까 11보다 큰 11의 배수는 이 표 안에 하나도 남아 있지 않게 되는 거야.

테트라 잘 알겠어요. 음…, 그럼 이제 끝난 건가요?

나 그렇지. 그러니까 11에 동그라미를 친 단계에서 남아 있는 수는 모두 소수가 되는 거야.

테트라 동그라미 칠게요!

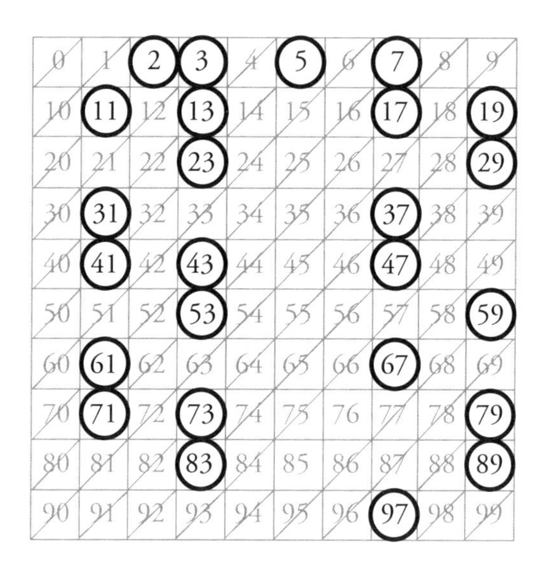

11까지 알아보고 남아 있는 수는 모두 소수.

나 테트라는 이걸로 '에라토스테네스의 체'로 소수를 구한 게 되네. 동그라미를 친 수가 99 이하의 모든 소수지!

테트라 잘 알겠어요.

나 '에라토스테네스의 체'를 정리해 보자.

에라토스테네스의 체(소수를 구하는 방법)

아래의 순서대로 자연수 N 이하의 소수에 모두 동그라미를 치고, 0과 단수와 합성수를 지운다.

순서1. 표에 0부터 N까지의 정수를 쓰고, 0과 1을 없앤다. (지워진 수는 0과 단수이다.)

순서2. 남아 있는 수가 있다면 최소의 수 p에 동그라미를 치고, 남아 있는 수가 없다면 끝낸다. (동그라미를 친 수 p는 소수이다.)

순서3. 소수 p보다 큰 p의 배수를 전부 없애고, 순서2로 돌아간다. (없어진 수는 p를 약수로 갖는 합성수이다.)

테트라 재밌네요. 2의 배수를 없애고, 3의 배수를 없애고….

나 그렇지.

테트라 5의 배수를 없애고…. 아아아앗!

나 왜, 왜 그래?

테트라 정말 '체'네요, 선배! 잠깐만요!

나 ?

테트라는 비밀노트를 펼쳐 엄청 큰 그림을 그리기 시작했다. 테트라는 언제나 성실하며 열심히 한다. 소박한 의문을 중요하게 생각하고, 열심히 문제에 집중한다. 얼마 지나지 않아 테트라는 큰 눈을 깜빡이며 고개를 들었다.

테트라 선배! 이게 '에라토스테네스의 체'인 거죠!

나 오오!

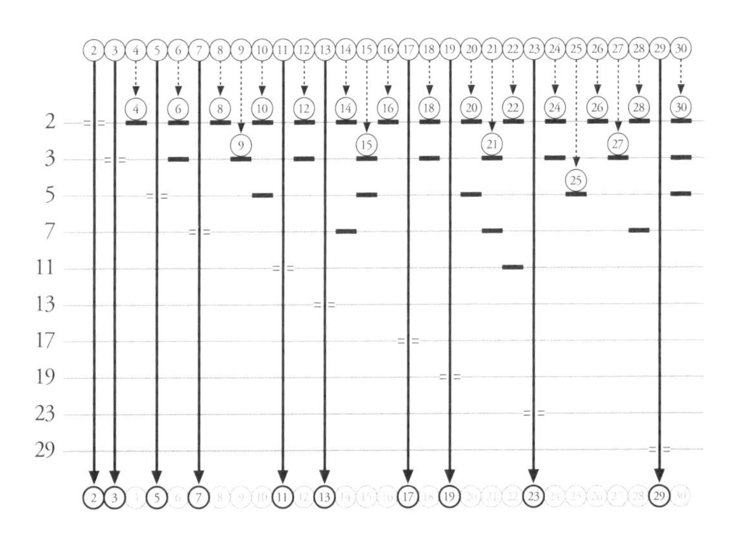

에라토스테네스의 체

테트라 저, '에라토스테네스의 체'가 왜 '체'라고 불리는지 잘 몰랐어요. 근데, 정말 '체'네요. 수를 몇 겹의 '체'에 걸러 소수를 선택하고 분리하고 있네요!

나 그렇지. 이 그림은 재미있네, 테트라!

테트라 2의 배수를 없애는 것은 2의 배수가 체에 걸리는 거예요.

나 응, 좋아.

테트라 '체'에 걸리면 소수는 되지 않아요. 2의 배수의 '체'에 걸리고 남은 수는 홀수예요. 그리고 3의 배수의 '체'에서는 그 홀수 중에서 3의 배수가 걸리죠.

나 재밌는데. 9, 15, 21, 27은 정말 걸려 있네.

테트라 홀수가 1개 발견될 때마다 하나의 '체'에 걸리게 되요.

나 정말이네, 좋아.

테트라 선배가 알려준 것도 그림으로 알 수 있어요.

나 응?

테트라 음, $11 \times 11 > 99$니까 나머지는 전부 소수라는 말이에요. 이 그림은 30까지 밖에 없으니까, $7 \times 7 = 49 > 30$이네요. '7의 체'에 걸리는 수는 없어요. 원래부터 위에서 떨어지는 수가 없으니까요!

나 테트라, 너의 이해력은 대단하다!

테트라 가, 감사합니다….

테트라는 얼굴을 붉히며 고개를 숙였다.

나 이 그림은 정말 재밌어.

테트라 그, 근데요…. 선배가 말씀하신 0과 단수와 합성수를 제외한 소수를 구한다는 의미를 잘 알았어요. '에라토스테네스의 체'는 합성수를 '체'에 걸러 소수를 구하는 거네요. 어라…?

나 응?

테트라 한 가지 궁금한 게 생겼어요.

나 뭔데?

테트라 '에라토스테네스의 체' 같이 합성수를 지워서 소수를 구하는 게 아니고, 좀 더 직접적으로 소수를 구하는 방법은 없나요?

나 직접적으로?

테트라 네, 직접 '이거랑, 이거랑, 이거랑…'과 같이 소수를 고를 수는 없나요?

나 테트라는 재밌는 말을 하는구나. 음…, 나는 모르겠는데.

미르카 뭐하고 있어?

2-5 미르카

테트라 아, 미르카! 딱 좋을 때에….

미르카는 검은 머리의 수다쟁이. 수학을 정말 잘하며, 우리를 수학의 세계로 안내하는 리더 같은 존재이다. 미르카는 금속 안경테를 올리며 소수표를 본다.

미르카 흐음. '에라토스테네스의 체'네.

테트라 네…! 역시 모두들 알고 있군요.

미르카 왜, 이렇게 배열했어?

미르카는 소수표를 가리킨다.

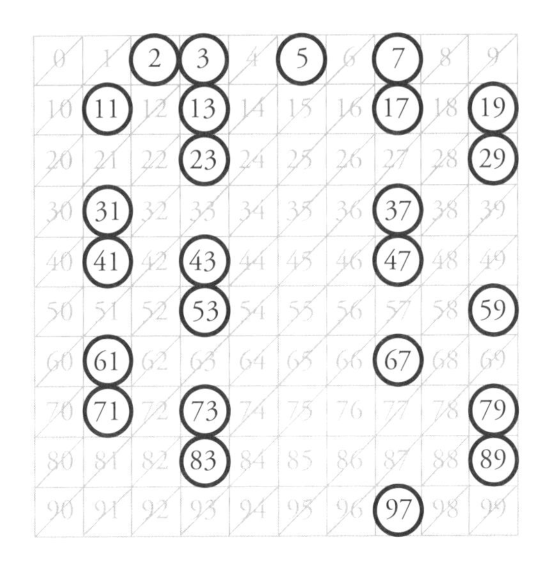

소수표

나 뭐가 이상하니, 미르카?

미르카 이유를 묻는 거야. 왜 이렇게 배열한 거야?

나 왜라니, 특별한 이유는 없는데.

미르카 테트라, 0 이상의 정수를 어떻게 배열하고 싶어?

테트라 글쎄요…. 저라면 일렬로 이렇게….

수를 옆으로 일렬로 배열한다.

미르카 그것도 좋네.

테트라 그런데, 이렇게 하면 노트의 넓이가 저어엉말 길어야 해요.

테트라는 양손을 크게 벌린다.

나 0 이상의 정수는 무수히 많으니까, 아무리 길다 하더라도 언젠가 부족하게 돼. 어디선가 되돌아오지 않으면 말이야.

미르카 무조건 10개씩 배열해서 되돌아오게 해야 하는 것도 아니야.

테트라 아! 그럼 2개씩 되돌아오게 할 수도 있겠죠?

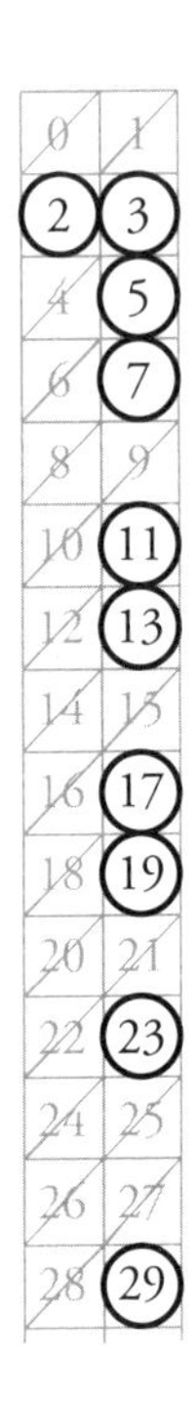

수를 2개씩 되돌리며 배열한다.

미르카 흐음?

테트라 아앗! 발견했어요! 세로로 보면 2 이외의 소수는 모두 오른쪽 열에 모이네요!

나 그건, 당연한 거 아닌가. 왜냐하면 2를 제외한 소수는 모두 홀수니까.

테트라 잘 되돌리며 배열하면 '소수가 보일 거'라 생각했는데….

미르카 한번 볼까?

테트라 네?

미르카 소수를, 볼까?

나 네?

2-6 소수를 보자

미르카가 노트 쪽으로 향한다.

나와 테트라는 미르카가 적는 것을 양쪽에서 엿본다.

미르카 먼저, 영 (0)과 단수 (1)을 배열해.

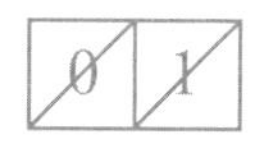

테트라 아까 제가 2개씩 묶어서 되돌아온 것과 같네요.

미르카 테트라는 행을 밑으로 적었지. 나는 위로 적을 거야.

테트라 위… 말이에요?

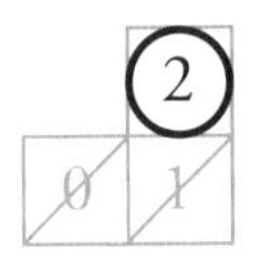

나 근데 이렇게 하면 아까랑은 다르네. 위로 적으면 0의 위에 2를 놓는 거 아닌가?

미르카 그러면 실질적으로 테트라랑 같은 표가 되잖아.

나 응, 그렇긴 한데.

테트라 다음은 어떻게 하나요?

미르카 왼쪽으로 적어. 3이야.

테트라 그렇구나. 다음은 위로 올라가서 4네요!

미르카 아니, 틀렸어.

테트라 얼레?

미르카 4는 왼쪽에 적어야 해.

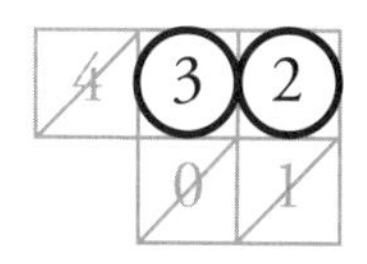

테트라 삐져나와 버렸어요.

나 그렇다면 다음에는 위로 올라가서 5인가?

미르카 아니, 다음의 5는 밑으로 가는 거야.

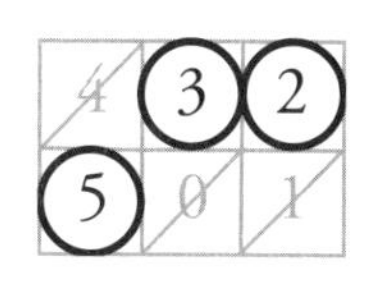

나 ?

테트라 다음의 6은 왼쪽인가요…?

미르카 아니. 6은 더 밑.

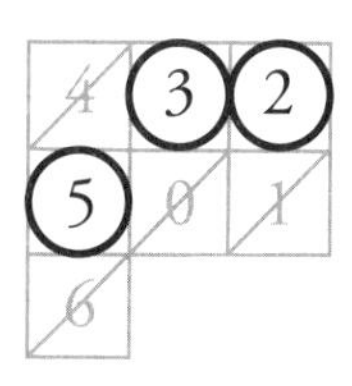

테트라 우, 상, 좌, 좌, 하, 하…? → ↑ ←← ↓ ↓?

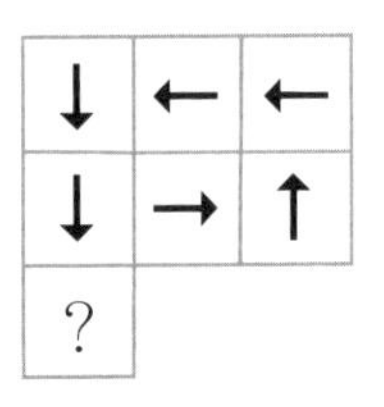

나 아, 알겠다! 빙 돌고 있네, 미르카!

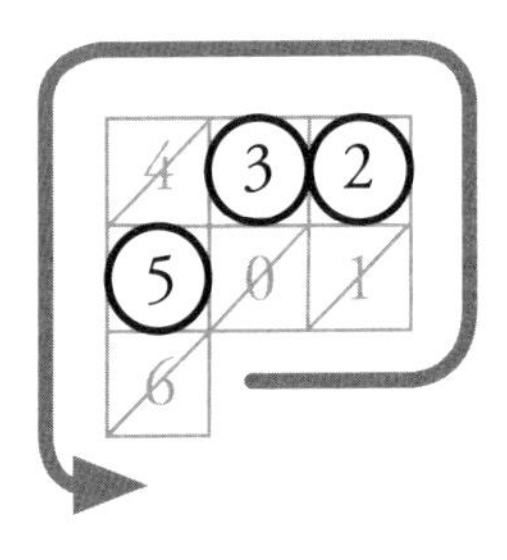

미르카 빙고!

미르카는 윙크하며 손가락으로 딱 소리를 냈다.

테트라 아….

나 그러면 7, 8, 9는 오른쪽이겠네.

미르카 그렇지.

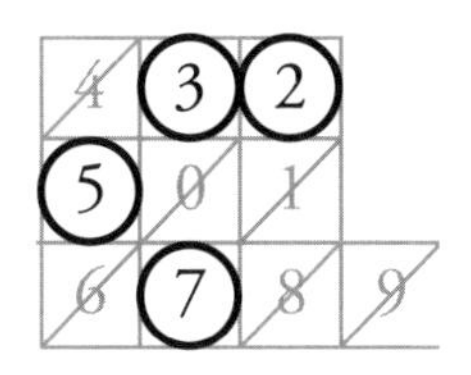

테트라 그럼 다음의 10, 11, 12는 위로 가겠네요?

미르카 맞아.

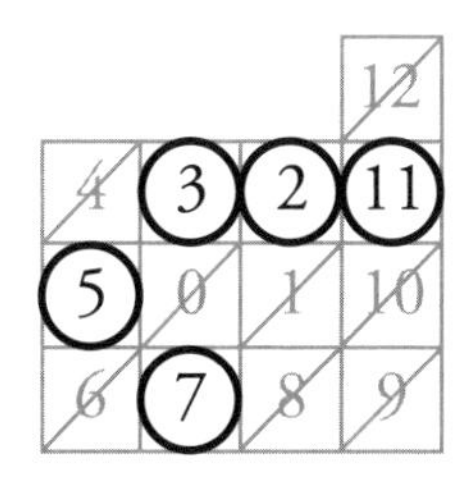

나 있잖아, 미르카. 빙 돌아가면서 숫자를 적으면 뭔가 재미있는 일이 일어나?

미르카는 고개를 들어 나를 정면으로 바라보았다.

미르카 너는 스스로 찾고 싶은 거야? 아니면 내가 알려주기를 원해?

나 알았어, 알았어. 그렇겠지. 계속해 보자.

테트라 다음은, 음…. 네, 16까지는 왼쪽으로 적을게요.

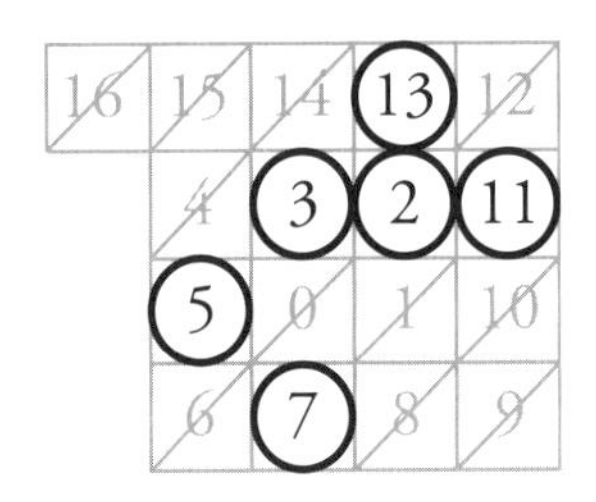

나 20까지는 밑으로 나아가고.

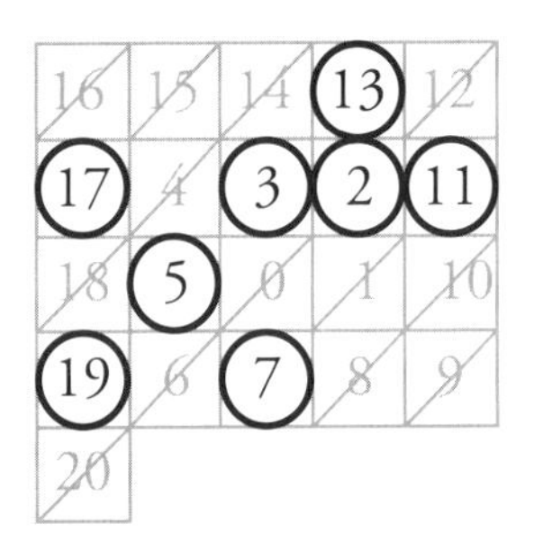

테트라 다음 25까지는 오른쪽이에요. 네, 네, 네!

테트라는 오른쪽 손을 올려 크게 휙휙 흔들고 있다.

나 왜 그래?

미르카 눈치챘어?

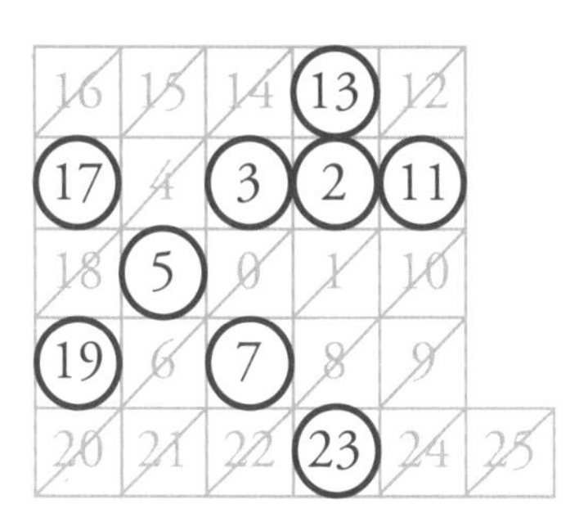

무엇을 눈치챘나?

2-7 발견?

테트라 네! X 모양 같은 게 생겼어요!

미르카 흐음.

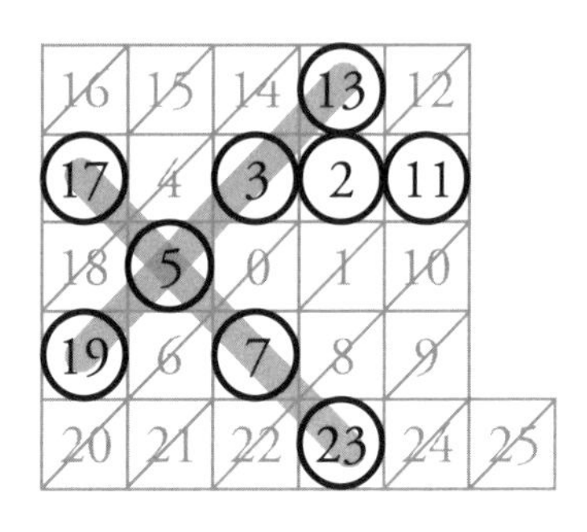

소수가 X 모양 같이 줄지어 있다?

나 그런데, 이건 2 이외의 소수는 모두 홀수니까 번갈아서…

아니, 그렇게 단순하지 않네.

미르카 30까지 할거야.

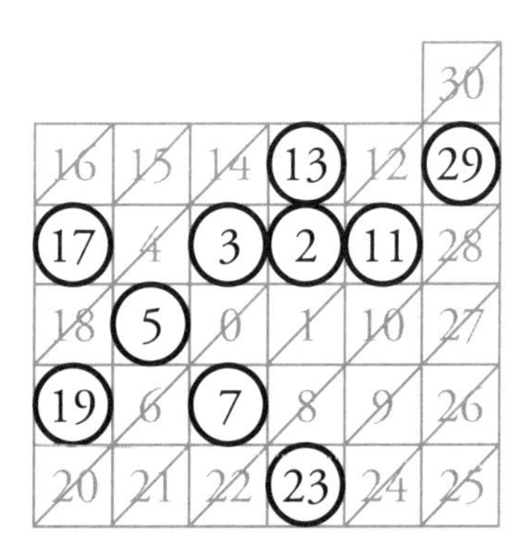

테트라 보세요, 다음의 31은 소수네요!

나 진짜네. 마치 소수가 기다리고 있던 것 같네….

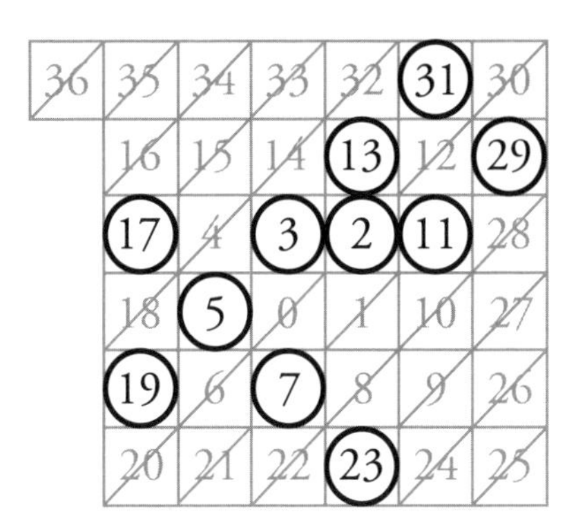

테트라 X 모양 같다고 해야 하나, 기울어진 선이라고 해야 할까요? 19, 5, 3, 13, 31의 선과 17, 5, 7, 23의 선이요!

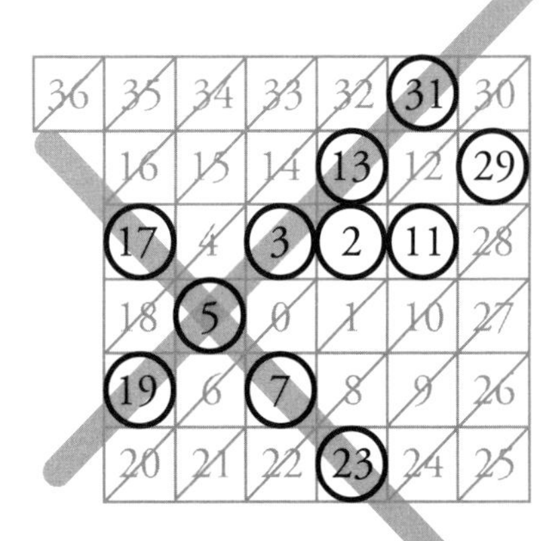

소수가 기울어진 선상에 줄지어 있다?

나 으음….

미르카 그리고 81까지 한 번에 돌려보자.

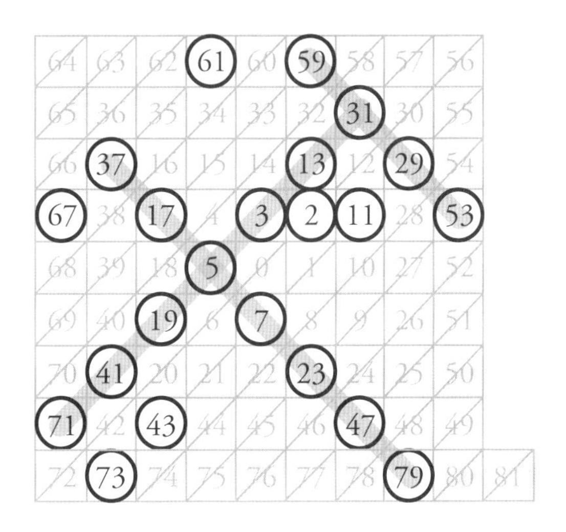

81까지 돌았다.

테트라 아앗, 57과 65가 지워졌어요. 엄청 아쉬워요! 이 2개는 왜 소수가 아닌 거죠!

나 진짜. 테트라가 말한 것처럼 정말 아쉬운데.

미르카 99에서 일단 멈추자.

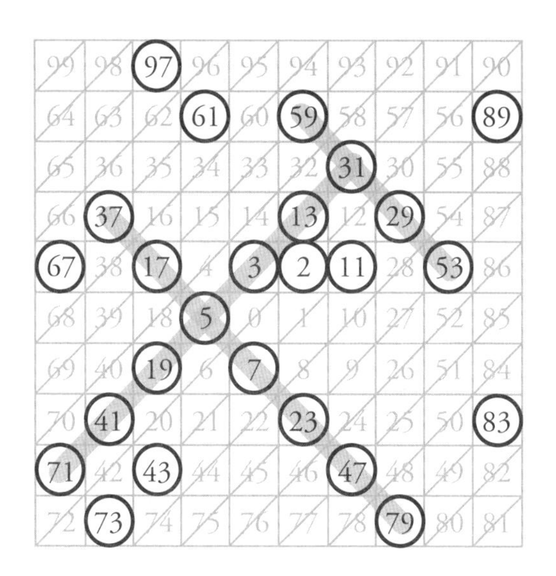

많은 소수가 비스듬하게 줄지어 있는 것 같다.

테트라 빙글빙글 돌아서 비스듬하게 배열된 소수가 보이기 시작했어요!

미르카 맞아. 0 이상의 정수를 '나선' 상에 배열해 가면, 많은 소수가 비스듬하게 배열되는 것을 관찰할 수 있어. 정말 재미있지.

미르카는 안경테를 쪽 올렸다.

테트라 신기해요…. '에라토스테네스의 체'를 사용해서 소수표를 만들었어요. 그런데, 그때는 '소수가 안 보이는' 상태였어요. 그런데 완전히 같은 소수표이고, 배열하는 방법을 바꿨을 뿐인데 이번엔 '소수가 보인다'니….

2-8 울람나선

미르카 이렇게 0 이상의 정수를 배열해서 만든 '나선'을 '울람나선'이라고 해.

테트라 아, 이름이 정해져 있었네요?

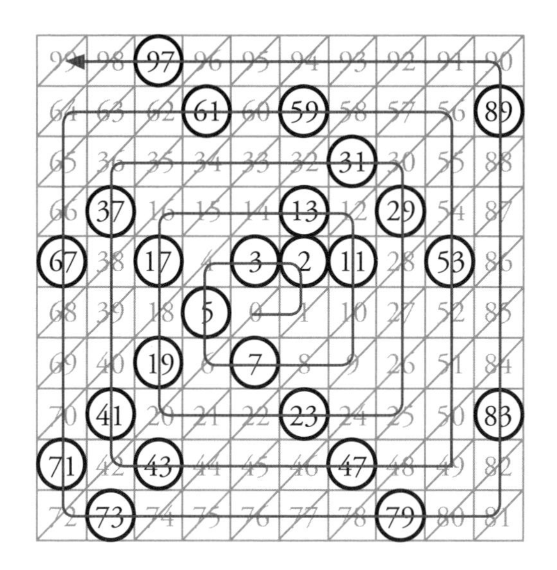

울람나선

미르카 울람(Ulam)은 수학자의 이름이야. 1963년에 수를 가지고 낙서를 하다가 소수의 패턴을 발견했어.

테트라 울람 씨가 놀랐겠네요….

나 모르고 있었는데.

테트라 저, 저는 이 다음도 궁금해요. 빙글빙글 빙글빙글 빙글…. 이렇게 계속된다면 어떤 도형이 나타날까요?

미르카 이렇게 되지.

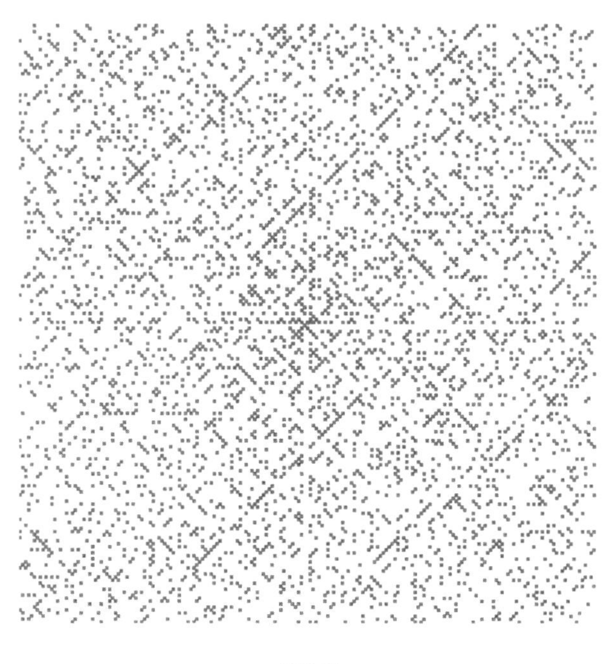

울람나선

테트라 오, 우와…. 복잡하긴 한데 비스듬한 선의 뭉치가 정말 보여요! 여기저기서… 비스듬한 것만은 아닌지도?

나 대단한데!

테트라 도형이란 건 대단하네요. 이유를 확실하게 몰라도 여기에는 무엇인가 있다는 게 보이니까요!

2-9 오일러 선생님

나 잠깐만. 규칙성이 있다는 것은, 식으로 만들 수 없을까?

미르카 눈치챘구나. 사실은 많은 소수를 만드는 식은 존재해. 예를 들면, 오일러(Leonhard Euler) 선생님은 1772년에 2차식 $n^2 - n + 41$을 제안했어. 굉장히 많은 소수를 만드는 식이지. 이거랑 닮은 다항식으로 르장드르(Adrien Marie Le Gendre)는 이런 식을 제안했어. 이 식이 오일러의 2차식으로 불리게 될 때도 있지만.

$$P(n) = n^2 + n + 41$$

테트라 이 식에서… 소수가 만들어져요?!

미르카 모든 소수를 만들어 낼 수 있는 건 아니야. 이 식에 $n = 0, 1, 2, 3 \cdots$을 넣어 본 결과 소수가 되는 경우가 많다는 거야, 테트라.

테트라 해, 해 볼게요! 음, 예를 들면 $P(0) = 0^2 + 0 + 41$로…. 정말 41은 소수네요!

나 $P(1) = 1^2 + 1 + 41 = 43$이네. 음, 43도 소수네.

테트라 더 많이 계산해 보죠.

$P(n) = n^2 + n + 41$의 표

n	$P(n)$		n	$P(n)$		n	$P(n)$		n	$P(n)$	
0	41	소수	25	691	소수	50	2591	소수	75	5741	소수
1	43	소수	26	743	소수	51	2693	소수	76	5893	합성수
2	47	소수	27	797	소수	52	2797	소수	77	6047	소수
3	53	소수	28	853	소수	53	2903	소수	78	6203	소수
4	61	소수	29	911	소수	54	3011	소수	79	6361	소수
5	71	소수	30	971	소수	55	3121	소수	80	6521	소수
6	83	소수	31	1033	소수	56	3233	합성수	81	6683	합성수
7	97	소수	32	1097	소수	57	3347	소수	82	6847	합성수
8	113	소수	33	1163	소수	58	3463	소수	83	7013	소수
9	131	소수	34	1231	소수	59	3581	소수	84	7181	합성수
10	151	소수	35	1301	소수	60	3701	소수	85	7351	소수
11	173	소수	36	1373	소수	61	3823	소수	86	7523	소수
12	197	소수	37	1447	소수	62	3947	소수	87	7697	합성수
13	223	소수	38	1523	소수	63	4073	소수	88	7873	소수
14	251	소수	39	1601	소수	64	4201	소수	89	8051	소수
15	281	소수	40	1681	합성수	65	4331	합성수	90	8231	소수
16	313	소수	41	1763	합성수	66	4463	소수	91	8413	합성수
17	347	소수	42	1847	소수	67	4597	소수	92	8597	소수
18	383	소수	43	1933	소수	68	4733	소수	93	8783	소수
19	421	소수	44	2021	합성수	69	4871	소수	94	8971	소수
20	461	소수	45	2111	소수	70	5011	소수	95	9161	소수
21	503	소수	46	2203	소수	71	5153	소수	96	9353	합성수
22	547	소수	47	2297	소수	72	5297	소수	97	9547	소수
23	593	소수	48	2393	소수	73	5443	소수	98	9743	소수
24	641	소수	49	2491	합성수	74	5591	소수	99	9941	소수

테트라 우와아…. 소수가 엄청 많네요!

미르카 $P(n) = n^2 + n + 41$이 만드는 소수를 '울람나선'에 겹쳐서 그리면 이렇게 돼.

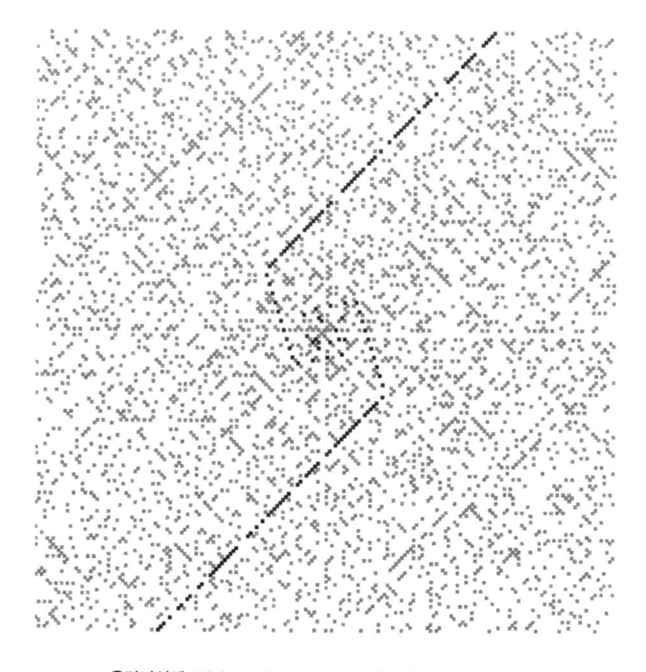

울람나선에 $\mathbf{P}(\boldsymbol{n}) = \boldsymbol{n}^2 + \boldsymbol{n} + \mathbf{41}$이 생성하는 소수를 겹쳤다.

나 이 점은 $P(n)$이 만들어 낸 수 중 소수인 거네. 비스듬한 선이 보일 정도로 많은 소수를 만들어….

테트라 이런 짧은 식이 많은 소수를 만들어 낼 줄이야….

나 n^2+n+41이 많은 소수를 만들어 내는 것은 우연이 아니야.

미르카 배후에는 정수론이 있지. 그 증명이 쉽지는 않지만.

나 ….

미르카 간단하게 알 수 있는 방법도 있어. 0 이상의 어떠한 정수 n을 넣어도 이 2차식 $P(n)=n^2+n+41$의 값은 2로도, 3으로도, 5로도, 7로도 딱 나누어떨어지지 않아.

나 헤에.

미르카 그 증명은….

미즈타니 선생님 하교 시간이에요.

도서관 사서인 미즈타니 선생님은 정시가 되면 하교 시간을 알려준다. 우리들의 수학 이야기는 이걸로 일단 종료. 그리고… 여기부터는 우리들 각자가 생각하는 시간이다.

참고문헌: 데이비드 웰스(David Wells), 《소수, 수학 최대의 미스터리(Prime Numbers)》, 한승, 2007.

제2장의 문제

●●● 문제 2-1 (소수)

아래에서 수학적으로 맞는 문장을 모두 선택하시오.

(a) 91은 소수이다.

(b) 2개의 소수의 합은 짝수이다.

(c) 2 이상의 정수는 합성수가 아니라면 소수이다.

(d) 소수는 단지 2개의 약수를 갖는다.

(e) 합성수는 3개 이상의 약수를 갖는다.

(해답은 277쪽에)

●●● 문제 2-2 (에라토스테네스의 체)

에라토스테네스의 체를 사용하여 200 이하의 소수를 모두 구하시오.

(해답은 278쪽에)

●●● 문제 2-3 (에라토스테네스의 체의 보완)

79쪽에 있는 에라토스테네스의 체의 순서에서는 '만약 $p^2 > N$이라면, 남아 있는 수는 모두 소수'라는 아이디어가 활용되지 않는다. 이 아이디어를 활용하기 위한 순서를 보완하시오.

(해답은 280쪽에)

●●● 문제 2-4 (2차식 $n^2 + n + 41$)

n이 0 이상의 정수일 때, 2차식 $P(n) = n^2 + n + 41$의 값이 반드시 홀수가 된다는 것을 증명하시오.

(해답은 281쪽에)

제3장

숫자 맞추기 마술과 31의 수수께끼

"당신이 알려준다면, 어떤 숫자라도 맞춰 볼게."

3-1 내 방에서

유리 있잖아… 오빠야! 눈 감아봐!

나 왜?

유리 예쁜 여자가 '눈 감아 봐'라고 하면 즉시 감아야 하는 거라고!

나 예쁜 여자가 어디에…. 네, 네, 감았습니다.

3-2 숫자 맞추기 마술

유리 짜잔…! 눈 떠도 돼.

16 17 18 19	8 9 10 11	4 5 6 7	2 3 6 7	1 3 5 7
20 21 22 23	12 13 14 15	12 13 14 15	10 11 14 15	9 11 13 15
24 25 26 27	24 25 26 27	20 21 22 23	18 19 22 23	17 19 21 23
28 29 30 31	28 29 30 31	28 29 30 31	26 27 30 31	25 27 29 31

나 이 카드는 뭐야?

유리 이제부터 유리가 '숫자 맞추기 마술'을 시작합니…다!

나 프로 마술사는 어떤 마술을 보여줄지 먼저 말하지 않는다고 하던데.

유리 시끄럽구만…. 됐으니까, 유리가 말하는 것을 들어요!

나 네, 네. 그런데 눈을 감으라고 한 이유는 뭐야?

유리 연출이라고나 할까, 연출.

나 뭐든지 다 좋은데, 어쨌든 유리가 숫자를 맞추는 거구나.

유리 그렇다고요.

숫자 맞추기 마술

이제부터 당신이 좋아하는 날짜를 맞춰보겠다.

몇 월이라도 좋으니, 좋아하는 날짜를 생각하라.

- 2월 14일이 좋다면 → 14
- 3월 16일이 좋다면 → 16
- 12월 24일이 좋다면 → 24

생각했다면, 5장 중에서 그 숫자가 있는 카드를 모두 앞면으로 하여라.

그 숫자가 없는 카드는 엎어 놓아라.

16 17 18 19	8 9 10 11	4 5 6 7	2 3 6 7	1 3 5 7
20 21 22 23	12 13 14 15	12 13 14 15	10 11 14 15	9 11 13 15
24 25 26 27	24 25 26 27	20 21 22 23	18 19 22 23	17 19 21 23
28 29 30 31	28 29 30 31	28 29 30 31	26 27 30 31	25 27 29 31

나 기분 좋을 때 미안한데, 이 마술….

유리 '이 마술의 비밀을 알고 있어'라고 하려는 거지?

나 응. 이 마술의 비밀, 알고 있어.

유리 아 진짜…! 그럴 때는… 모르는 척하고 놀라는 게 예의라고. 그러니까 여자의 마음을 모른다는 거야….

나 네, 네. 알았어. 모르는 척해 줄게.

3-3 유리의 마술

유리 오빠야, 숫자는 생각했어? 유리에게 말하면 안 돼.

나 알았어, 생각했어. 1부터 31까지 중에서지?

유리 맞아 맞아…. 그럼, 그 숫자가 있는 카드만 전부 앞면으로 해줄 수 있으려나?

나 음, 이거랑, 이거지.

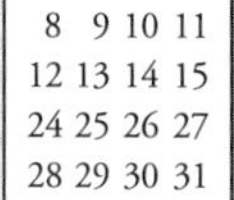

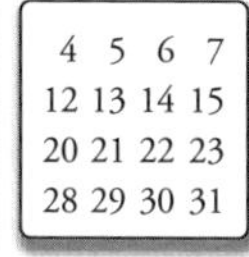

어떤 수를 떠올렸을까?

유리 오호…. 그대가 생각한 수는 12인가?

나 그렇지.

유리 반응이 시원치 않구만! 거기서는 '우왓, 대단한데 유리! 어떻게 안거야…!'라고 놀라는 게 예의지.

나 우왓, 대단한데. 유리야 어떻게 안 거야.

유리 아…, 짜증나.

나 알았어…. 근데, 오빠에게도 그 마술을 하게 해줄 수 있어? 이번에는 유리가 숫자를 생각할 차례야.

유리 앗? 오빠야도 이거 할 수 있어?

나 비밀을 알고 있으니까.

3-4 나의 마술

유리 좋…, 좋아. 생각했어, 오빠야.

나 그럼, 그 숫자가 있는 카드만 모두 앞면으로 해줄 수 있으려나?

유리 음, 이거랑, 이거랑, 이거야.

어떤 수를 떠올렸을까?

나 오호, 그렇다면, 유리가 생각한 수는 21인가?

유리 그렇…지.

나 반응이 시원치 않구만.

유리 나 따라 하지 마…!

3-5 방법과 이유

나 이 숫자 맞추기 마술로 '숫자를 맞추는 방법'은 간단해.

유리 응! 고른 카드의 왼쪽 위의 수를 더하면 돼.

숫자를 맞추는 방법

카드의 왼쪽 위의 수를 더하면 상대가 고른 수가 된다.

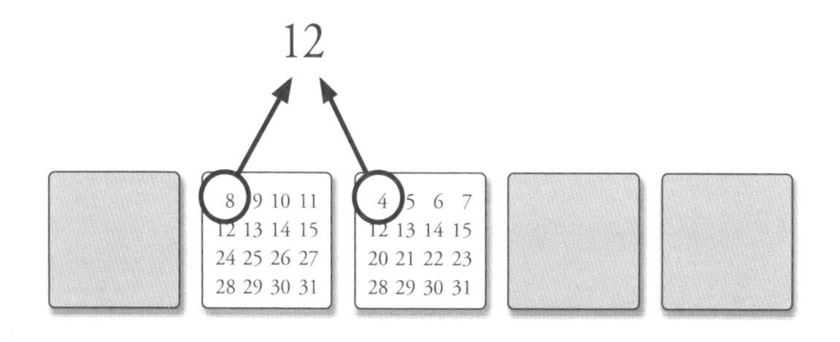

상대가 12를 선택했을 때

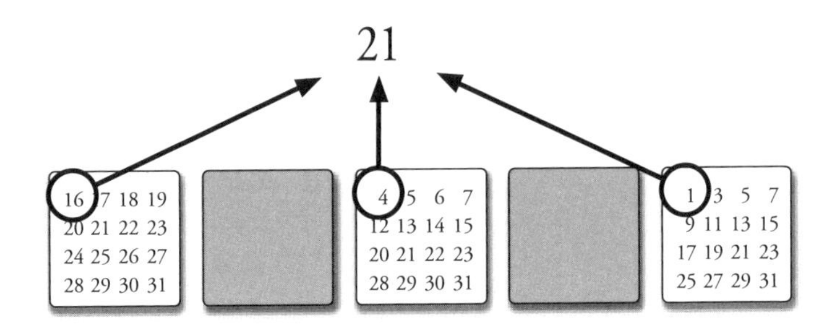

상대가 21을 선택했을 때

나 그러니까 이 카드를 가지고 있고, 이 '숫자를 맞추는 방법'을 알고 있는 사람이라면 누구나 이 마술을 할 수가 있지.

유리 뭔가 걸리는 말투네.

나 근데 유리야. '숫자가 맞는 이유'는 알고 있어?

유리 응? 지금 말했잖아. 카드의 왼쪽 위의 수를 더하면….

나 그건, '숫자를 맞추는 방법'이지. '숫자가 맞는 이유'는 모르고 있는 거 아니야?

유리 방법과 이유라니…. 똑같은 거 아니야?

나 아니, 달라. '숫자가 맞는 이유'라는 건 '카드의 왼쪽 위의 숫자를 모두 더하면 상대가 선택한 수가 되는 이유'를 의미하는 거야. 왜, 그렇게 될까?

유리 그런… 방식으로 카드를 만들었으니까…!는 안 되는 건가?

나 자, 이런 표현을 해보자. 유리가 가져 온 이 5장의 카드를 잃어버렸다고 하자. 유리는 아무것도 보지 않고 이 5장의 카드를 만들 수 있어?

16	17	18	19
20	21	22	23
24	25	26	27
28	29	30	31

8	9	10	11
12	13	14	15
24	25	26	27
28	29	30	31

4	5	6	7
12	13	14	15
20	21	22	23
28	29	30	31

2	3	6	7
10	11	14	15
18	19	22	23
26	27	30	31

1	3	5	7
9	11	13	15
17	19	21	23
25	27	29	31

아무것도 보지 않고 이 5장의 카드를 만들 수 있는가?

유리 음…, 만들 수 없어. 아, 그렇지만 이 부록이 들어 있는 잡지를 다시 사면 돼!

나 이거, 잡지의 부록이구나. 뭐 어쨌든 유리는 만들 수 없다는 거네. 그건 '숫자가 맞는 이유'를 모르기 때문이야. 이거, 조금 지루하지?

유리 음…, 맞아.

나 그럼, '왜 이 방법으로 숫자가 맞는지' 그 이유를 천천히 생각해 보자.

유리 응.

나 이유를 알면 숫자 맞추기 마술을 확장할 수 있을지도 몰라.

유리 확장한다는 건…?

나 예를 들어 이 5장의 카드라면, 1부터 31까지만 맞출 수 있어. 그런데, 카드의 장수를 늘리면 31보다 더 큰 수까지 맞출 수 있을지도 모르지. '숫자가 맞는 이유'를 안다면 말이야.

유리 오…, 있잖아, 오빠야. 유리는 31까지 맞출 수 있는 이유를 '날짜가 1부터 31까지니까'라고 생각했어.

나 이 숫자 맞추기 마술을 만든 사람은 31이 가장 큰 날짜인 것을 이용한 듯하지만, 31에는 다른 의미가 있어. '숫자가 맞는 이유'를 안다면 그 의미를 알 수 있지. 카드의 수수께끼를 풀면 '31의 수수께끼'도 풀리지.

유리 오빠야! 알려줘, 알려줘!

나 오빠가 전부 알려주면 재미없잖아. 같이 생각해 보자.

유리: 응!

3-6 1부터 1까지 맞추는 카드

나 먼저 '작은 수로 시험'해 보자. 즉, '1부터 31까지 맞추는 카드'가 아니고, 먼저 '1부터 1까지 맞추는 카드'를 만드는 거야.

유리 1부터 1까지 맞추는 건…. 무슨 말을 하는 거야, 오빠야. 그런 건 당연히 맞추지.

나 자, 1부터 1까지 맞추는 숫자 맞추기 마술이라면 카드는 5장도 필요 없어. 이런 카드 1장이면 돼.

1

1부터 1까지 맞추는 카드

유리 전혀 의미 없는 일인데.

나 어쨌든 1이라고 쓰여 있는 카드가 한 장 있으면 돼. 그리고 상대가 '1부터 1까지 중에서 좋아하는 수를 생각해 보세요'라는 말을 하면, 이 카드를 선택하고 앞면으로 하겠지.

유리 이상해.

나 이런 '극단의 상황을 생각하는 것'이 중요해.

유리 그런…가….

3-7 1부터 2까지 맞추는 카드

나 자, 다음. '1부터 2까지 맞추는 카드'는 만들 수 있어?

유리 앗, 그런…거군. 점점 늘리는 거구나.

나 그렇지, 그렇지.

유리 이렇…게 하면 돼?

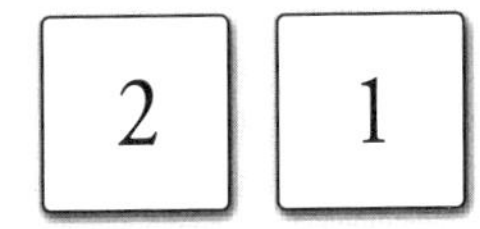

1부터 2까지 맞추는 카드

나 그렇지. 2가 쓰여 있는 카드와 1이 쓰여 있는 카드. 이 2장이 있으면 되지.

유리 이거…, 생각한 수가 있는 카드를 보여 주는 게 되잖아. 마술사는 '숫자를 맞추는 것'이 아니고, 상대가 숫자를 알려 주는 게 되는 거지?

나 오오옷! 유리 너 정말 똑똑하구나.

유리 어? 정말 그렇지?

나 말 그대로야. 상대가 마술사에게 '숫자를 알려주는 거'라고 할 수 있지.

유리 …? 그래서 다음은 1부터 3까지야?

3-8 1부터 3까지 맞추는 카드

나 '1부터 3까지 맞추는 카드'는 어떻게 만들까?

유리 또 알려주면 되…지. 이렇…게 3장을.

1부터 3까지 맞추는 카드(?)

나 정말 3, 2, 1의 수가 각각 별도의 카드에 쓰여 있다면 숫자는 맞출 수 있지만….

유리 있지만…?

나 그렇지만, 이건 마술 같지가 않잖아. 3장도 필요 없어. 이런 2장만 있으면 돼.

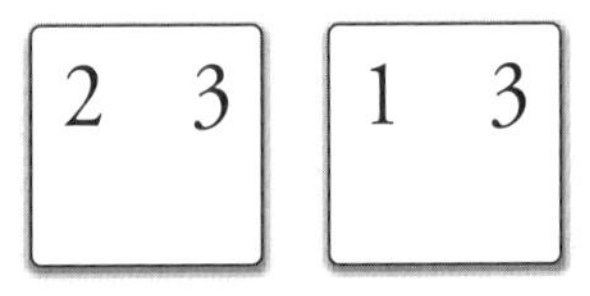

1부터 3까지 맞추는 카드

유리 응?

나 왼쪽은 2와 3이 쓰여 있는 카드. 오른쪽은 1과 3이 쓰여 있는 카드.

유리 아! 그렇구나. 더하면 되니까!

나 그렇지. 유리는 두뇌 회전이 빠르구나. 3일 때는 2장의 카드를 앞면으로 하게 되지. 마술사는 2장의 카드의 왼쪽 위 수를 더하면 돼.

유리 2 + 1 = 3이라는 거야?

나 그렇지. 1부터 3까지 중에서 상대가 생각한 숫자가 있는 카드를 선택하는 방법을 전부 펼쳐 보자.

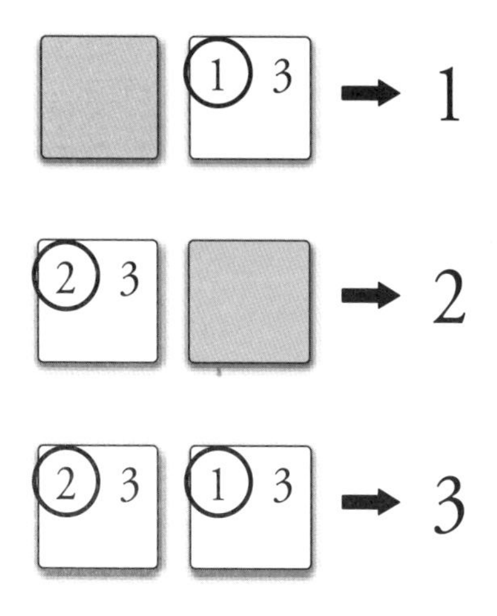

1부터 3까지 맞추는 카드의 선택 방법

유리 2 + 1로 3을 가르쳐 주는 거지?

나 그렇지! 좋은데. 그건 유리의 큰 발견이야. 1과 2에 대해서는 각각의 카드로 가르쳐 주는 거지. 하지만 3은 2장의 카드를 선택하는 것으로 가르쳐 주는 거야. 그리고 3이라는 수는 2와 1의 합으로 나타낼 수 있지.

유리 뭔가, 답답한…. 알 것도 같고 모를 것도 같아.

나 그건 발견 전의 기분이네. 조금 더 해 볼까?

유리 응! 이번에는 '1부터 4까지 맞추는 카드'지?

나 그렇지, 그렇지.

3-9 1부터 4까지 맞추는 카드

유리 어…? 1부터 4까지 맞추는 카드는 2장으로는 어려워. 왜냐하면 선택 방법을 전부 써버렸는걸.

나 그러네. 아까 카드를 나열했을 때 2장의 카드로 선택하는 방법인 4가지는 모두 사용했지.

유리 4가지? 1, 2, 3이니 3가지 아니야?

나 아까 말하지 않았는데 2장을 다 엎어두는 방법이 있어. 카드를 1장도 선택하지 않는 방법이지.

유리 엥? 전부 엎어두면…, 어떤 수도 아니잖앙!

나 카드를 1장도 선택하지 않을 때는 0이라는 수로 표현하면 돼.

유리 왜 0이야?

나 앞면인 카드가 1장도 없으니까, 왼쪽 위에 있는 수를 전혀 더하지 않았다고 생각하는 거지.

유리 아하. 그렇구나!

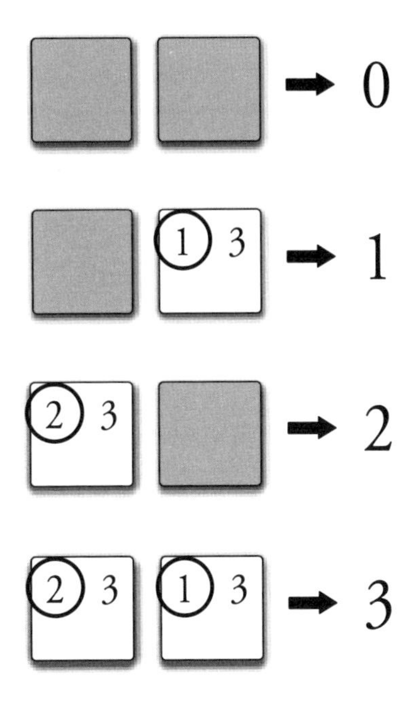

2장의 카드에는 4가지의 선택 방법이 있다

나 이걸로 4가지 방법을 전부 사용했으니 4는 나타낼 수 없어. 그러니까 '0부터 4까지 맞추는 카드'는 2장으로는 만들 수 없는 거지.

유리 3장으로 하면 되잖앙. 4가 쓰여 있는 카드를 새로 만들면 돼.

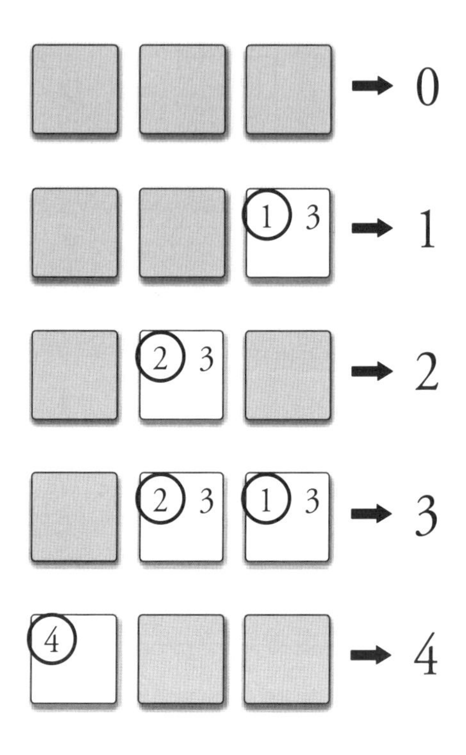

'0부터 4까지 맞추는 카드'를 만든다.

나 좋네.

유리 어라? 있잖아…, 오빠야. 유리가 발견했어!

나 뭘?

유리 이 3장의 카드가 있으면 더 큰 수를 맞출 수 있어. 왜냐하면 4 + 1로 5가 되니까.

나 그렇지.

유리 아, 더 할 수 있다! 4 + 2 = 6이고, 4 + 2 + 1 = 7이야.

나 오호.

유리 그러니까, 4의 카드에 음…, 5를 쓰고 1의 카드에 5를 쓰고. 아, 아니다. 4의 카드에는 6을 써야해. 와…, 뭔가 복잡해졌는데!

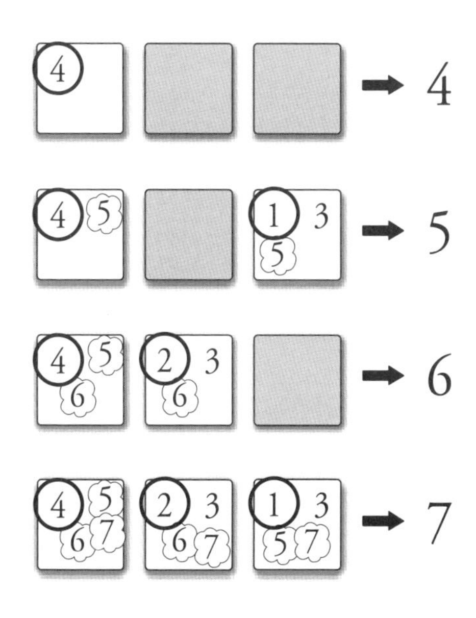

'0부터 4까지 맞추는 카드'를 사용해서 5, 6, 7도 맞출 수 있다.

나 좋아, 좋아.

유리 그러니까, 3장의 카드로 0부터 7까지 맞출 수 있어!

나 오빠가 다시 쓸까?

유리 싫어! 유리가 쓸거야, 음….

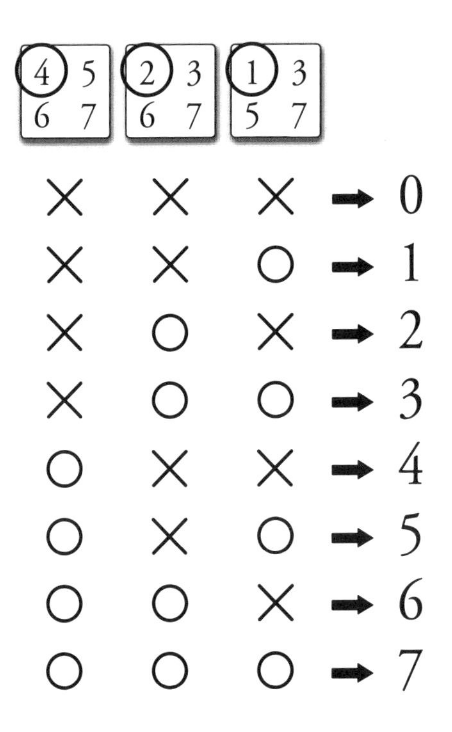

3장의 카드로 0부터 7까지 나타낸다.
(○는 앞면으로 하고, ×는 엎어둔다.)

나 좋은데. 유리야, 아주 잘하고 있어.

유리 있잖아, 오빠야. 맨 오른쪽 카드에 쓰여 있는 숫자 1, 3, 5, 7은 전부 홀수네.

나 그러네.

유리 그러니까, 오른쪽 카드는 1, 3, 5, 7이 나올 때 ○가 붙고…. 오른쪽 끝을 세로로 읽으면 교대로 ×○×○×○×○가 되네. 홀수니까!

나 속속 발견하고 있는데.

유리 더 있어! 가운데 카드는 ××○○××○○로 2개씩 교대이고, 왼쪽 카드는 ××××○○○○로 4개씩 교대이고….

나 응, 유리가 '패턴을 발견'했네.

유리 패턴?

나 그래. 패턴을 발견하면 예상하기가 쉬워져. 여기가 이러니까, 여기는 이렇지 않을까? 같은. 그리고 그건 '규칙성의 발견'으로도 이어지지.

유리 규칙성….

3-10 카드를 4장으로

나 그런데 유리야. 3장이면 '0부터 7까지 맞추는 카드'가 되는 것은 알았어. 그렇다면 카드를 4장으로 하면 어떻게 될까?

유리 '어떻게 될까'라는 건 무슨 의미야?

나 카드를 4장으로 했을 때 카드의 선택 방법을 전부 쓸 수 있어? 0부터 몇까지의 수를 맞출 수 있을까? 그때 왼쪽 끝의 카드는 어떤 패턴을 만들어 낼까…?

유리 음, 그건…. 음, 가장 왼쪽 끝의 카드는 절반이 ×로 절반이 ○가 될 거라고 생각해. 아, 그러니까 모든 선택 방법은 8의 2배인 16가지가 되지 않을까? 지금 금방 쓸게! 카드에 숫자를 쓰는 건 나중에 하고 카드의 선택 방법만 쓸게!

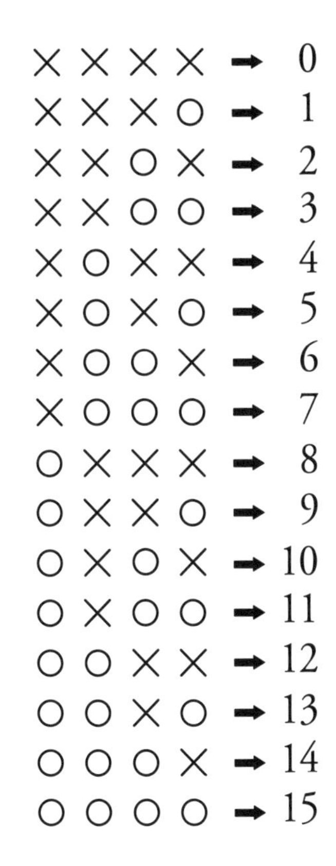

×	×	×	×	➡	0
×	×	×	○	➡	1
×	×	○	×	➡	2
×	×	○	○	➡	3
×	○	×	×	➡	4
×	○	×	○	➡	5
×	○	○	×	➡	6
×	○	○	○	➡	7
○	×	×	×	➡	8
○	×	×	○	➡	9
○	×	○	×	➡	10
○	×	○	○	➡	11
○	○	×	×	➡	12
○	○	×	○	➡	13
○	○	○	×	➡	14
○	○	○	○	➡	15

4장의 카드로 0부터 15까지를 나타낸다.
(○는 앞면으로 하고, ×는 엎어둔다.)

나 빠른데!

유리 왜냐하면, 패턴을 예상할 수 있으니까. 다음은 ○가 나

오는 수를 카드에 쓰면 돼. 그러니까…, 잠깐만 기다려 봐!

유리는 열심히 카드에 수를 적는다. 갈색의 말총머리가 창문을 넘어온 빛을 받아 아름답게 반짝인다.

유리 됐다!

8 9 10 11 12 13 14 15	4 5 6 7 12 13 14 15	2 3 6 7 10 11 14 15	1 3 5 7 9 11 13 15

0부터 15까지 맞추는 카드.

나 유리는 눈치챘어?

유리 응?

나 유리는 지금 4장의 카드를 스스로 만들었잖아.

유리 응, 만들었지.

나 그건, 유리가 가져 온 5장의 카드 중 4장의 일부분이랑 딱 맞아!

유리 아, 진짜다! 대단…해!

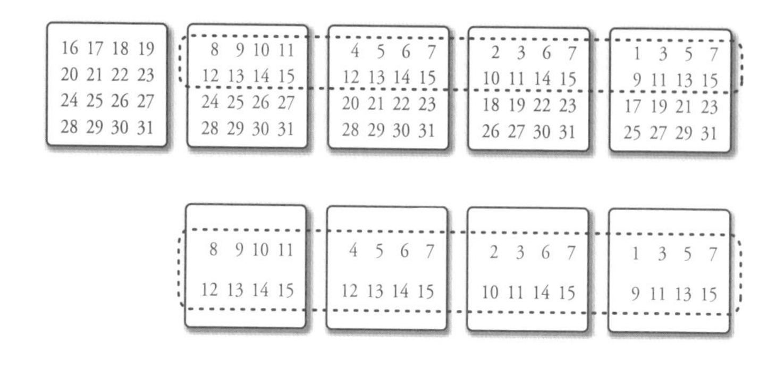

3-11 딱 빈틈없이!

나 있잖아, 유리야. 아직 '숫자가 맞는 이유'에 대해서는 이야기하지 않았는데, 여기까지도 꽤 재미있지?

유리 응!

나 단순히 '숫자를 맞추는 방법'을 아는 것과는 다르지?

유리 달라, 달라. 있잖아, 유리는 어느 카드에 어떤 숫자가 쓰여 있는지 잘 보지 않았어.

나 응?

유리 그런데, 오빠야의 이야기를 들으면서 쓰니까 여러 가지를 알게 됐어. 잘 봐, 가장 오른쪽 카드는 홀수의 카드라든지. 뭔가, 음…, 패턴이 있는 것도 알았고.

나 그렇지. 스스로 써보면 알 수 있지.

유리 이 숫자 맞추기 카드는 카드가 적어도 많은 수를 맞출 수 있게 되어 있어. 1장만 내놓는 것이 아닌 2장을 내거나, 3장을 내거나 하면서 여러 가지의 숫자를 맞출 수 있도록 되어 있어.

나 그렇지. 2장의 카드라면 0부터 3까지 맞출 수 있고, 3장의 카드라면 0부터 7까지 맞출 수 있어. 그런 유리의 발견은 단지 숫자를 맞추는 방법을 외우는 것과는 꽤 다르지.

유리 응, 달라 달라…. 있잖아, 오빠야. 뭔가 딱 빈틈없는 게 기분 좋아.

나 딱 빈틈없는?

유리 3장이 있으면 0부터 7까지 맞출 수 있잖아?

나 그렇지.

유리 이 수보다 큰 수는 어려워. 왜냐하면 ×××에서 ○○○까지의 선택 방법을 썼으니까. 딱 다 써버린 느낌이야. 아 참…, 잘 설명할 수가 없어!

나 아니야, 알겠어. 유리가 말하는 것은 카드가 3장일 때의 경우의 수인 거지.

유리 경우의 수?

나 그래. 3장의 카드면 8개의 숫자를 맞출 수 있어. 이건 3장의 카드를 선택하는 조합이 8가지이기 때문이야.

유리 응.

나 '8가지의 선택 방법'에 '8개의 수'를 각각 배정하고 있어. 유리가 말한 대로 '딱 빈틈없는' 거지. 어떤 방법을 선택해도 수가 1개만 결정되고, 어떤 수에 대해서도 선택 방법이 1개만 결정되지. 이런 1대 1의 대응에 기분이 좋은 거라고 생각해.

유리 그런 거 같아.

나 있잖아, 유리야. '1부터 1까지 맞추는 카드' 같이 엄청 간단한 부분부터 시작하는 게 새로운 발견도 하고 재미있지?

유리 응, 재미있어!

나 '당연한 것부터 시작한다'는 건 정말 중요한 거야.

유리 당연한 것부터 시작한다….

나 그렇지. '숫자를 맞추는 방법'이 어떠한 의미를 지니는지 그 수수께끼를 생각해 보자. '왼쪽 위의 수를 더하는 것'은 어떤 이유 때문일까? 그리고 '31의 수수께끼'를 함께 생각해 보자.

유리 응!

3-12 0부터 31까지

나 이렇게 대응표를 만들면 '5장의 카드를 놓는 방법'과 '0~31의 정수'를 대응시킬 수 있어.

× × × × × ➡ 0
× × × × ○ ➡ 1
× × × ○ × ➡ 2
× × × ○ ○ ➡ 3
× × ○ × × ➡ 4
× × ○ × ○ ➡ 5
× × ○ ○ × ➡ 6
× × ○ ○ ○ ➡ 7
× ○ × × × ➡ 8
× ○ × × ○ ➡ 9
× ○ × ○ × ➡ 10
× ○ × ○ ○ ➡ 11
× ○ ○ × × ➡ 12
× ○ ○ × ○ ➡ 13
× ○ ○ ○ × ➡ 14
× ○ ○ ○ ○ ➡ 15

○ × × × × ➡ 16
○ × × × ○ ➡ 17
○ × × ○ × ➡ 18
○ × × ○ ○ ➡ 19
○ × ○ × × ➡ 20
○ × ○ × ○ ➡ 21
○ × ○ ○ × ➡ 22
○ × ○ ○ ○ ➡ 23
○ ○ × × × ➡ 24
○ ○ × × ○ ➡ 25
○ ○ × ○ × ➡ 26
○ ○ × ○ ○ ➡ 27
○ ○ ○ × × ➡ 28
○ ○ ○ × ○ ➡ 29
○ ○ ○ ○ × ➡ 30
○ ○ ○ ○ ○ ➡ 31

5장의 카드로 0부터 31까지 나타낸다. (○는 앞면으로 하고, ×는 엎어둔다.)

유리 응.

나 이걸 보면 0부터 31까지의 정수는 모두 5장의 카드를 놓는 방법으로 나타낼 수 있어.

유리 그렇…지. 이 대응표 그대로니까.

나 실은, 이유를 알게 된다면 대응표를 보지 않아도 0부터 31까지 범위의 정수가 어떤 카드를 놓는 방법이 되는지를 알 수 있어.

유리 카드를 보면 알 수 있어.

나 카드를 보지 않아도 알 수 있어. 그러기 위해선 카드의 '왼쪽 위의 수'를 연구하면 돼. '숫자를 맞출 때 더하는 수'가 이러니까.

유리 수를 연구한다라…. 멋있는데냐옹!

숫자 맞추기 마술에서 숫자를 맞출 때 더하는 수

나 자아, 이 수가 무엇일까…, 알 것 같아?

16 8 4 2 1

유리 알아, 짝수다…! 아니, 아니다. 1이 있네.

나 이건 2의 거듭제곱이라고 해.

유리 2의 거듭제곱?

3-13 2의 거듭제곱

나 2의 거듭제곱은 2를 몇 개 정도 곱하는 수야. 2의 멱법이라고 하는 경우도 있어. 2를 n개 곱하면 2^n이라고 적어.

2의 거듭제곱

$$16 = \underbrace{2 \times 2 \times 2 \times 2}_{4개} = 2^4$$

$$8 = \underbrace{2 \times 2 \times 2}_{3개} = 2^3$$

$$4 = \underbrace{2 \times 2}_{2개} = 2^2$$

$$2 = \underbrace{2}_{1개} = 2^1$$

유리 어라? 그런데 1은 2를 곱해서 되는 게 아닌데?

나 '2의 0제곱'은 1과 같다고 정의해.

유리 정…의?

나 그렇게 정했다는 거야.

유리 0제곱…?

나 2^0은 1과 같다고 정의해. 음, 억지로 '0개 곱한다'고 볼 수도 있지만. 이런 식으로 머리에 1을 곱한다고 생각하면….

16	=	$1 \times 2 \times 2 \times 2 \times 2$	=	2^4	2를 4개 곱했다.
8	=	$1 \times 2 \times 2 \times 2$	=	2^3	2를 3개 곱했다.
4	=	$1 \times 2 \times 2$	=	2^2	2를 2개 곱했다.
2	=	1×2	=	2^1	2를 1개 곱했다.
1	=	1	=	2^0	2를 0개 곱했다.

유리 오호….

나 이 숫자 맞추기 마술의 열쇠는 '2의 거듭제곱'이야.

유리 응.

나 숫자 맞추기 마술의 포인트는 16, 8, 4, 2, 1을 잘 더해 보면 0부터 31까지 어떤 정수라도 나타낼 수 있다는 거야.

유리 응응.

나 사실은 주어진 수에서 어떤 카드를 앞면으로 하면 좋을지는 계산하면 알 수 있어.

유리 계…산?

3-14 계산으로 카드를 선택한다

나 나눠서 나머지를 구한다는 계산을 반복해. 그러면 어떤 카드가 앞면이 될지 알 수 있지.

유리 나눗셈을 말하는 거야?

나 응. 나눗셈을 반복해. 21을 가지고 구체적으로 해보자. 21을 2^4, 즉 16으로 나누면 몫은 1이고 나머지는 5야.

유리 몫이라는 건, 나눗셈의 답이지?

나 그렇지. 21을 16으로 나누면, '1과 나머지 5'가 돼. 1이 몫이지.

$$21 \div 16 = 1 \cdots 5$$

유리 응.

나 다음으로 '나머지 5'를 이번엔 2^3, 즉 8로 나누어. 그런 식으로 '나눠서 나머지를 구한다'는 계산을 반복하는 거야. 그리고 몫에 주목해.

$$
\begin{aligned}
21 \div 16 &= \boxed{1} \cdots 5 \\
5 \div 8 &= \boxed{0} \cdots 5 \\
5 \div 4 &= \boxed{1} \cdots 1 \\
1 \div 2 &= \boxed{0} \cdots 1 \\
1 \div 1 &= \boxed{1} \cdots 0
\end{aligned}
$$

유리 어? 복잡한…데….

나 몫을 위부터 읽어 봐.

유리 1, 0, 1, 0, 1인데?

나 21을 카드로 나타내면 앞, 뒤, 앞, 뒤, 앞이 돼. 딱 이건 1, 0, 1, 0, 1 같은 패턴에 대응하지.

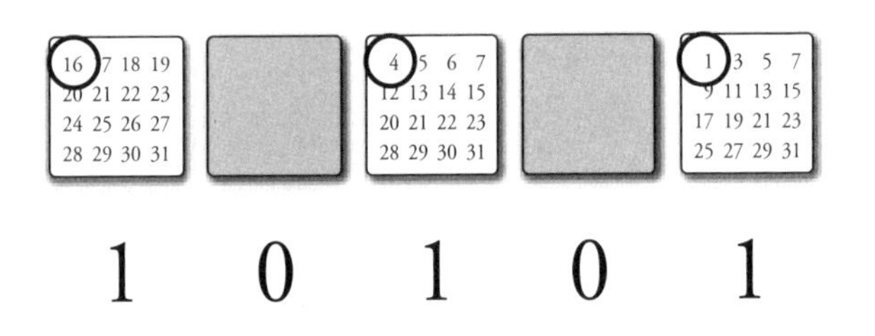

'앞과 뒤'와 '1과 0'의 대응(21의 예)

유리 우왓! 계산하면 알 수 있다는 게 이런…거군! 유리가 다른 수로도 해 볼래!

나 12로 해 봐.

유리 응!

$$12 \div 16 = \boxed{0} \cdots 12$$

$$12 \div 8 = \boxed{1} \cdots 4$$

$$4 \div 4 = \boxed{1} \cdots 0$$

$$0 \div 2 = \boxed{0} \cdots 0$$

$$0 \div 1 = \boxed{0} \cdots 0$$

나 어때?

유리 응, 카드의 뒤, 앞, 앞, 뒤, 뒤로 딱 맞아! 0, 1, 1, 0, 0이야.

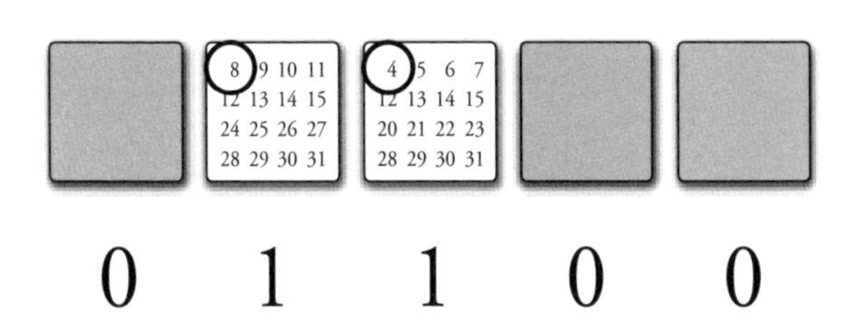

'앞과 뒤'와 '1과 0'의 대응(12의 예)

나 재미있지?

유리 응, 재밌어! 그런데…, 왜 몫이 1이 되는 카드가 앞면이 되는 거야?

나 예를 들면 16으로 나눴을 때 몫이 1이 되는 것은, 정확히 16을 한 번 뺄셈할 수 있는 크기이기 때문이야. 그리고 '나머지'라는 건 뺄셈해서 남은 수지.

유리 ….

나 그러니까 16, 8, 4, 2, 1의 순서로 수를 나누어 간다는 건 16은 뺄 수 있을까? 8은 뺄 수 있을까? 같은 순서로 시험하는 게 돼. 그러니까….

유리 있잖아, 오빠! 설명 도중에 미안한데, 나, 알았어!

나 그래?

유리 악어가 나와!

나 악어?

3-15 악어의 등장

유리 입이 큰 악어가 순서대로 수를 먹어!

나 입이 큰 악어?

유리 응. 입의 크기는 '2의 거듭제곱'으로 되어 있어. 오빠야, 그림을 그려 봐. 입의 크기가 16, 8, 4, 2, 1인 악어 그림! 그래서 큰 악어부터 순서대로 먹어가는 거야. 먹다 남은 나머지는 다음 악어에게 넘겨주고.

나 하하하…, 그렇군. 유리가 말하고 싶은 걸 알겠어. 이런 그림이지?

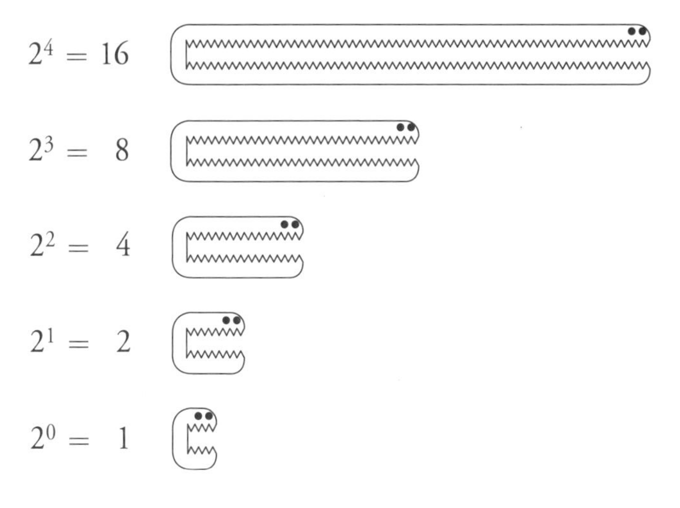

입의 크기가 2의 거듭제곱인 악어

유리 우와, 끔찍해! 오빠야, 그림 못 그린다. 전혀 악어 같지 않아.

나 간단하게 그렸으니까….

유리 우와…, 이건 아니다. 이 검은 동그라미는 코야, 눈이야?

나 어쨌든, 이런 악어가 수를 먹는 거지?

유리 그래, 그래…. 큰 악어부터 순서대로 먹어서, 먹은 나머지를 다음 악어가 꿀꺽! 하고 먹는 거야.

나 재미있는 발상이네….

유리 이 악어는 입에 가득히 넣는 것을 좋아해…. 먹으려는 수가 입보다 작으면 다음 악어에게 패스해. 예를 들면 21일 때는 16과 4와 1의 3마리만 '꿀꺽!' 하고 먹는다고.

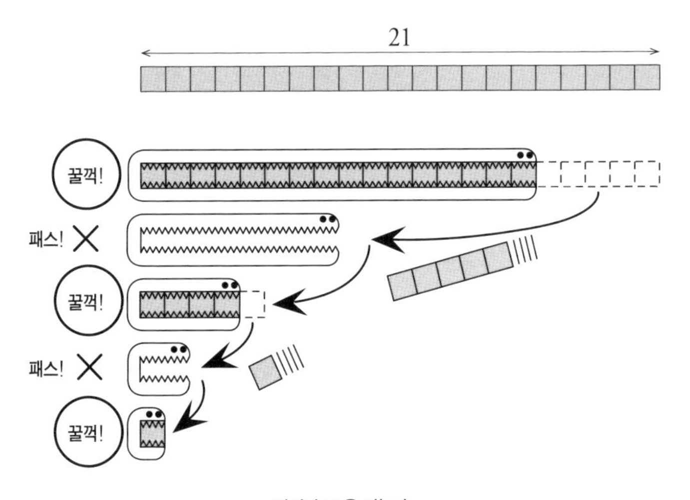

악어가 21을 먹는다.

유리 이렇게 16이랑 4랑 1의 악어만 입에 한가득 넣어 먹고 있으니까, 그 3마리가 먹은 양을 합하면 원래의 21이 만들어지잖아?

나 유리야, 정말이네. 말 그대로야! 유리의 생각이 맞아.

유리 그래서, 12를 먹으면 이렇…게 되지요. 8의 악어와 4의 악어만 먹어.

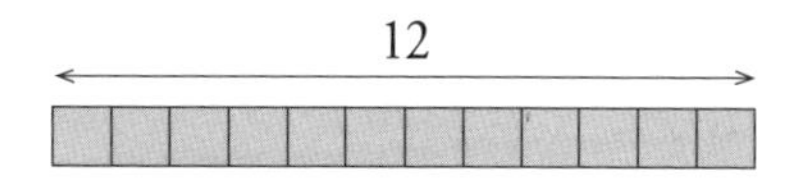

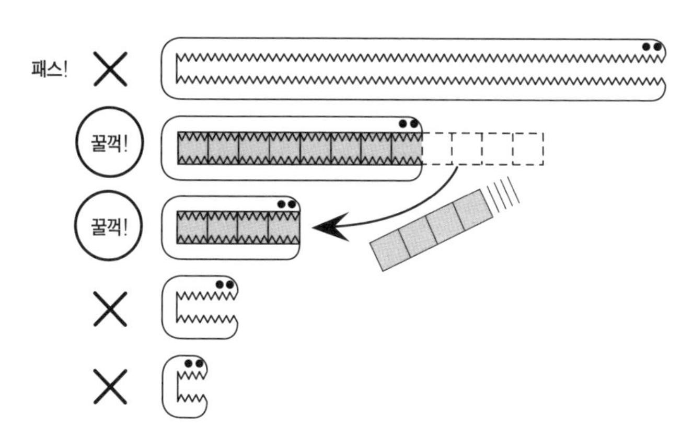

악어가 12를 먹는다.

나 유리가 재밌는 악어를 생각해 냈네.

유리 아니…. 오빠야의 그림만큼 재밌지는 않지!

나 윽….

유리 있잖아, 오빠야. '2의 거듭제곱'을 생각하는 건 재미있어!

3-16 31의 수수께끼

나 악어를 사용해서 31의 수수께끼도 설명할 수 있어.

유리 31의 수수께끼가 뭐였지?

나 잘 봐, 유리의 숫자 맞추기 마술이라면 '5장의 카드'로 0부터 31까지 중에서 좋아하는 수를 맞출 수 있지?

유리 응.

나 여기서 31은 무엇인가 하는 거야.

유리 아하하! 악어 5마리가 전부 '꿀꺽!' 하는 수네.

나 그렇지. 31은 5장의 카드가 전부 앞면이 되는 수야.

$$31 = 16 + 8 + 4 + 2 + 1$$

유리 응.

나 그리고 그건, $2^5 - 1$이라는 식으로 나타낼 수 있지.

$$31 = 2^5 - 1$$

유리 응? $2^5 - 1$?

나 그래. $2^5 = 2 \times 2 \times 2 \times 2 \times 2 = 32$잖아. 32를 나타내기 위해서는 32를 왼쪽 위에 쓴 '6장의 카드'가 필요해. 5장

의 카드에서는 2^5을 나타낼 수 없어. 그러니까 31은 2^5의 1개 앞인 $2^5 - 1$인 5장의 카드로 나타낼 수 있는 최대의 수가 되지.

유리 아…, 그런…거구나.

나 31같이 수로 해버리면 의미는 잘 알 수 없어. $2^5 - 1$같이 '식을 사용해서 적어야' 의미를 잘 알 수 있지. $2^5 - 1$에 나오는 5는 '카드의 장수'야. 즉, 카드가 n장이라면 $2^n - 1$이 숫자 맞추기 마술로 나타낼 수 있는 최대의 수가 되는 거지. 몇 개 정도 써 볼게.

$2^1 - 1 = 1$ 1장의 카드로 나타낼 수 있는 최대의 수

$2^2 - 1 = 3$ 2장의 카드로 나타낼 수 있는 최대의 수

$2^3 - 1 = 7$ 3장의 카드로 나타낼 수 있는 최대의 수

$2^4 - 1 = 15$ 4장의 카드로 나타낼 수 있는 최대의 수

$2^5 - 1 = 31$ 5장의 카드로 나타낼 수 있는 최대의 수

$2^6 - 1 = 63$ 6장의 카드로 나타낼 수 있는 최대의 수

$2^7 - 1 = 127$ 7장의 카드로 나타낼 수 있는 최대의 수

$2^8 - 1 = 255$ 8장의 카드로 나타낼 수 있는 최대의 수

$2^9 - 1 = 511$ 9장의 카드로 나타낼 수 있는 최대의 수

$2^{10} - 1 = 1023$ 10장의 카드로 나타낼 수 있는 최대의 수

$$\vdots$$

$2^n - 1 \quad = 2^n - 1$ n장의 카드로 나타낼 수 있는 최대의 수

유리 카드가 10장 있으면 1023까지 나타낼 수 있구나!

3-17 2에서 10으로

나 그런데 유리야. 우리는 언제나 '10의 거듭제곱'을 사용하고 있어.

유리 10의 거듭제곱….

나 그래. 10^n으로 $n = 0, 1, 2, 3, 4 \cdots$로 보면 금방 알 수 있어.

$$\begin{aligned}
10^0 &= 1 \\
10^1 &= 10 \\
10^2 &= 100 \\
10^3 &= 1000 \\
10^4 &= 10000 \\
&\vdots \\
10^n &= 1\underbrace{000\ldots00}_{n\text{개}}
\end{aligned}$$

유리 일, 십, 백, 천, 만…. 아, 이거 수의 자릿수를 알려줄 때 사용해!

나 그렇지. 우리가 늘 사용하고 있는 수의 표시 방법은 각 자릿수가 10의 거듭제곱으로 되어 있어. 그러니까 10진법이라고 해.

유리 아, 들어본 적 있어.

나 수학 시간에 배우니까.

유리 배웠나?

나 10진법에서는 '10의 거듭제곱'을 합쳐서 수로 나타내.

유리 오호….

나 예를 들면 7038이라는 수는 10진법에서는 7개의 1000과 0개의 100과 3개의 10과 8개의 1을 더한다고 생각하지.

유리 우와…, 복잡한 표현!

나 즉, 이렇게.

$$7038 = \boxed{7} \times 1000 + \boxed{0} \times 100 + \boxed{3} \times 10 + \boxed{8} \times 1$$

유리 음, 음.

나 물론 '10의 거듭제곱'이라고 써도 돼.

$$7038 = \boxed{7} \times 10^3 + \boxed{0} \times 10^2 + \boxed{3} \times 10^1 + \boxed{8} \times 10^0$$

유리 응응.

나 그리고, 카드의 숫자 맞추기 마술에서는 각 자릿수의 무게가 2의 거듭제곱이 되어 있었어. 즉, 2진법을 사용하고 있었던 거지.

유리 2진법?

나 예를 들면 12라는 수는 2진법에서는 '0개의 16과 1개의 8과 1개의 4와 0개의 2와 0개의 1을 더한다'고 생각하지.

$$12 = \boxed{0} \times 16 + \boxed{1} \times 8 + \boxed{1} \times 4 + \boxed{0} \times 2 + \boxed{0} \times 1$$

유리 아, 이거, 아까 0, 1, 1, 0, 0이랑 같네!

나 거듭제곱의 형태로도 괜찮아.

$$12 = \boxed{0} \times 2^4 + \boxed{1} \times 2^3 + \boxed{1} \times 2^2 + \boxed{0} \times 2^1 + \boxed{0} \times 2^0$$

유리 응.

나 10진법과 2진법은 사용하고 있는 거듭제곱이 다르지만 식의 형태가 꼭 닮은 것을 알 수 있지?

유리 알겠어, 알겠어.

나 10진법은 '10의 거듭제곱'을 더하고 있고, 2진법은 '2의 거듭제곱'을 더하고 있어. 10진법은 각 자릿수가 0부터 9 중에서 어떤 것인지, 즉 10가지이지. 2진법이라면 각 자릿수는 0부터 1 중에서 어떤 것인지, 즉 2가지. 그러니까, 2진법이 숫자 맞추기 마술에서 사용돼.

유리 어, 왜 '그러니까'야?

나 각 자릿수가 0 또는 1인 2가지니까, 카드를 뒤로 할지 앞으로 할지로 나타낼 수 있잖아? 뒤로 엎어 두는 것이 0이고, 앞으로 하는 것이 1이지. 뒤인지 앞인지, 0인지 1인지, 그 2가지를 사용해서 숫자 맞추기 마술을 하고 있는 거야.

유리 그렇구나! 카드의 앞뒤의 패턴이란 건 2진법으로 나타낸 수랑 똑같은 거네!

나 그렇지. 12를 2진법으로 나타내면 01100이 돼. 그것은 딱 카드의 뒤(0), 앞(1), 앞(1), 뒤(0), 뒤(0)에 대응하고 있어."

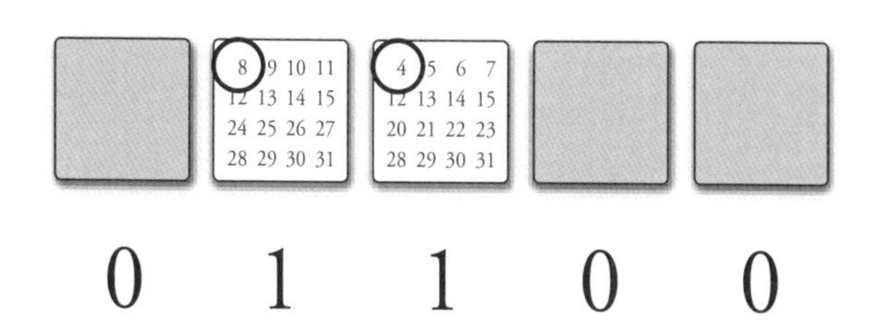

'앞과 뒤'와 '1과 0'의 대응(12를 2진법으로 나타냈다.)

유리 으으으!

나 그러니까, 생각한 숫자가 있는 카드를 앞면으로 한다는 것은 그 수를 2진법으로 나타내고 있다는 것이 돼. 그게 이 숫자 맞추기 마술에서 숫자가 맞는 이유인 거지.

유리 그렇구나, 그렇구나!

숫자가 맞는 이유

뒤가 0이고, 앞이 1일 때, 카드의 배열은 선택한 수를 2진법으로 나타내는 것이 되기 때문이다.

나 마술사에게 2진법으로 숫자를 가르쳐 주고 있는 거야.

유리 그러네!

엄마 얘들아! 핫케이크 먹을래?!

유리 아, 네…에! 먹을게…요!

부엌에서 들리는 엄마의 목소리에 나와 유리는 거실로 향한다. 이번에는 엄마가 만든 핫케이크를 나와 유리가 신나게 먹을 차례다. 숫자를 먹는 악어처럼.

"당신이 알려주니까, 어떤 숫자라도 맞출 수 있다."

| 부록: 2진법과 10진법 |

00000	0	01000	8	10000	16	11000	24
00001	1	01001	9	10001	17	11001	25
00010	2	01010	10	10010	18	11010	26
00011	3	01011	11	10011	19	11011	27
00100	4	01100	12	10100	20	11100	28
00101	5	01101	13	10101	21	11101	29
00110	6	01110	14	10110	22	11110	30
00111	7	01111	15	10111	23	11111	31

| 부록: 2진법으로 세기 |

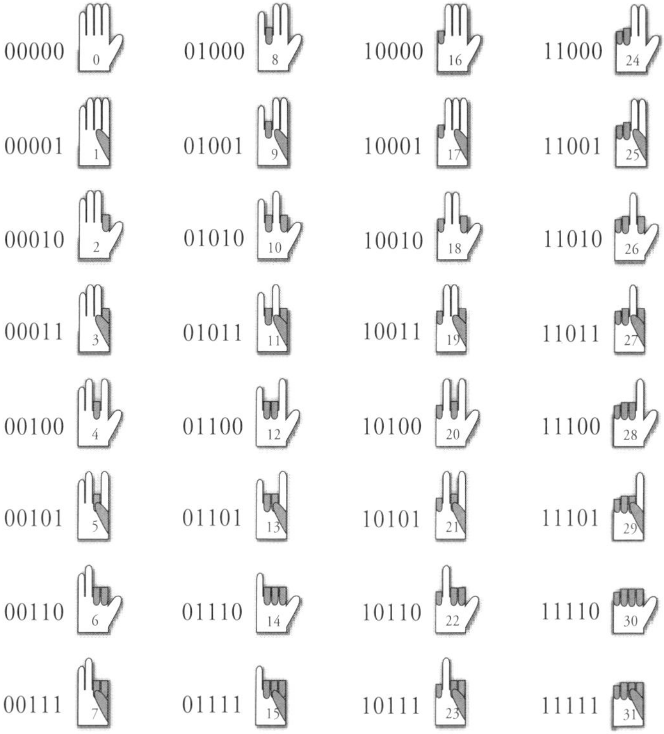

00000	0	01000	8	10000	16	11000	24
00001	1	01001	9	10001	17	11001	25
00010	2	01010	10	10010	18	11010	26
00011	3	01011	11	10011	19	11011	27
00100	4	01100	12	10100	20	11100	28
00101	5	01101	13	10101	21	11101	29
00110	6	01110	14	10110	22	11110	30
00111	7	01111	15	10111	23	11111	31

제3장의 문제

●●● 문제 3-1 (카드로 나타내기)

이 장에 나온 5장의 숫자 맞추기 카드로 25를 나타내어 보자. 앞면이 되는 카드의 왼쪽 위의 수를 모두 답하시오.

(해답은 283쪽에)

●●● 문제 3-2 (카드에 쓰여 있는 수)

이 장에 나온 5장의 숫자 맞추기 카드 중에서 왼쪽 위가 2인 카드에 쓰여 있는 수를 모두 답하시오. (앞의 내용을 보지 않고 답하시오.)

2	?	?	?
?	?	?	?
?	?	?	?
?	?	?	?

(해답은 284쪽에)

●●● 문제 3-3 (4의 배수)

이 장에 나온 5장의 숫자 맞추기 카드를 배열했을 때, '당신이 생각한 것은 4의 배수네요'라고 한눈에 알 수 있는 방법을 생각해 보시오. 하지만, 카드는 왼쪽 위에 16, 8, 4, 2, 1이 쓰여 있는 것을 왼쪽부터 순서대로 배열하는 것으로 한다.

(해답은 285쪽에)

문제 3-4 (뒤집음)

이 장에 나온 5장의 숫자 맞추기 카드를 사용하여 어떤 수 N을 나타냈다고 하자. 그 때의 5장의 카드를 모두 뒤집으면(즉 앞면의 카드를 뒷면으로, 뒷면의 카드를 앞면으로 한다면), 이번에는 어떠한 수를 나타낼까? N을 사용해서 답하시오.

(해답은 286쪽에)

문제 3-5 (n장의 카드)

이 장에 나온 5장의 숫자 맞추기 카드에는 카드마다 16개의 수가 쓰여 있다. 그렇다면 n장의 숫자 맞추기 카드가 있다면 카드마다 몇 개의 수가 쓰여 있는가?

(해답은 286쪽에)

제4장

수학적 귀납법

"다음 한 발짝을 전진할 수 있다면,

언제라도, 어디까지도 갈 수 있다."

4-1 도서실에서

여기는 고등학교의 도서실. 지금은 방과 후.

나는 도서실을 좋아한다. 방과 후에는 언제나 도서실에 간다.

거기서 나는 많은 시간을 '생각하며' 보낸다. 수식을 쓰며 생각할 때도 있고, 아무것도 쓰지 않고 머릿속으로만 생각할 때도 있다.

어쨌든, 시간을 신경 쓰지 않고 생각하는 것이 좋다.

수업같이 구분되는 경우도 없고, 시험처럼 갑자기 끝나는 경우도 없다(미즈타니 선생님이 나타나 도서실이 닫히기 전까지는). 나는 자유롭고 조용하게 생각하는 시간이 좋다.

이런 것을 생각하고 있을 때, 후배인 테트라가 다가왔다.

4-2 테트라

테트라 선배! 입학시험에서 수학적 귀납법이 나온 거 같은데요.

나 그런 거 같네.

테트라 이름부터 뭔가 정말 어려울 거 같은데요….

나 이름부터 어려울 것 같아 보이지만 이해하는 건 그렇게 어렵지 않아. 선입견을 버리고 신중히 하나하나 생각하면.

테트라 그래서…, 있잖아요….

나 응?

테트라 만약 선배가 시간이 괜찮으시다면 가르쳐 주실 수 있으신가 해서요….

나 아, 그러자. 자, 같이 문제를 풀어 볼까?

테트라 네엣!

도서실의 입시 코너를 살피자, 수학적 귀납법이 등장한 문제는 금방 찾을 수 있었다. 2013년도 대학입시수능시험 수학Ⅱ · 수학B의 문제3(선택문제)이다.

나 수학적 귀납법이 나오는 건 이 문제3의 (2)네.

테트라 네.

나 문제3에는 (1)과 (2)가 있는데 모두 수열의 문제야. 으음…, 좋아. (1)의 답은 (2)의 마지막과 약간만 연관되어 있으니까 (2)만 이야기할게.

테트라 네, 알겠습니다. 잘 부탁합니다.

나 먼저 문제를 읽어보자.

이렇게 나와 테트라는 입학시험에 나온 수학적 귀납법과 씨름하게 되었다.

4-3 문제문 1

문제문 1

정의 정수로 이루어진 수열 $\{a_n\}$은 초항부터 제3항까지 $a_1 = 3$, $a_2 = 3$, $a_3 = 3$이고, 모든 자연수 n에 대해서

$$a_{n+3} = \frac{a_n + a_{n+1}}{a_{n+2}} \quad \cdots\cdots\cdots\cdots\cdots ②$$

을 만족한다고 한다. 또한, 수열 $\{b_n\}$, $\{c_n\}$을 자연수 n에 대해서, $b_n = a_{2n-1}$, $c_n = a_{2n}$이라고 정한다. 수열 $\{b_n\}$, $\{c_n\}$의 일반항을 구하시오. 먼저, ②에서

$$a_4 = \frac{a_1 + a_2}{a_3} = \boxed{\text{가}},\ a_5 = 3,\ a_6 = \frac{\boxed{\text{나}}}{\boxed{\text{다}}},\ a_7 = 3$$이다.

따라서, $b_1 = b_2 = b_3 = b_4 = 3$이 되므로

$$b_n = 3 \quad (n = 1, 2, 3, \cdots) \qquad \cdots\cdots\cdots\cdots\cdots ③$$

이라고 추정할 수 있다. ③을 나타내기 위해서는 $b_1 = 3$이므로, 모든 자연수 n에 대해서

$$b_{n+1} = b_n \qquad \cdots\cdots\cdots\cdots\cdots ④$$

인 것을 나타내면 된다. 이것을⋯.

(183쪽 문제문 2로 이어짐)

테트라 자, 잠깐만 기다려 주세요, 선배. 이미 머리가 꽉 차 있어요.

나 미안, 미안. 한 번에 전부 읽지 말고 한 줄씩 설명해 볼까?

테트라 꽤 길고 복잡한 문제라⋯.

나 시험에서 문장이 긴 문제가 나오면 어떻게든 방어 자세를 취하게 되지. 시험에서는 빠르게 읽는 게 필요하지만 지금은 이해하는 것이 중요하니까, 끊어서 조금씩 읽어 보자.

테트라 조금씩 읽는다⋯.

나 맞아. 대강 이해한 상태로 다음을 읽는다 해도, 아무것도

모른 채 끝나버리면 의미가 없어. 그러니 조금씩 읽어 보자. 하나하나 이해를 하면서.

테트라 네엣!

테트라는 언제나 고분고분하다.

4-4 수열

나 먼저 이런 표현이 나와.

> 정의 정수로 이루어진 수열 $\{a_n\}$은….

테트라 네. 정의 정수라는 건 알아요. 양수잖아요.

나 그렇지. 정의 정수는 양수, 즉 0보다 큰 수를 말하는 거야. 그리고 수열이라는 건 이름 그대로 수의 열을 말하지. 1, 2, 3, 4…도 수열이고, 0, 2, 4, 6, 8…도 수열이야. $-1, \frac{1}{2}, -\frac{1}{3}, \frac{1}{4}, -\frac{1}{5}$…도 수열.

테트라 어라. 근데, 양수….

나 그렇지. 이 문제에서는 '정의 정수로 이루어진 수열 $\{a_n\}$'이라고 말하고 있으니까, 수열 $\{a_n\}$에는 0이나 마이너스(음수)는 포함되지 않아. 그런 조건이 정해져 있지.

테트라 네.

나 일반적으로 수열은 이렇게 표현할 수 있어.

$$a_1,\quad a_2,\quad a_3,\quad a_4,\quad \cdots$$

테트라 이 a_1이나 a_2 등은 수를 나타내는 거죠?

나 그렇지, 그렇지. 실제로는 수지만 그것에 번호를 붙인 이름으로 나타내는 거야. 이 수열의 첫 번째 수를 a_1이라고 나타내고, 두 번째 수를 a_2라고 나타내고…, 이런 거지. 이 a_1이나 a_2에 붙은 작은 번호를 첨자라고 해.

테트라 네, 알겠습니다.

나 그리고 이 문제에서는 수열 전체를 $\{a_n\}$이라고 써서 나타내고 있어. 문제의 다음을 읽으면 어떤 수의 열인지, 처음의 몇 개는 구체적으로 쓰여 있어.

초항부터 제3항까지 $a_1 = 3,\ a_2 = 3,\ a_3 = 3$이고….

테트라 아, 그렇군요. 수열의 첫 번째 수가 3이고, 두 번째 수가 3이고, 세 번째 수가 3이고…. 어라? 전부 3이에요?

나 아니, 아니. 문제에는 전부 3이라고 쓰여 있지 않아. 잘 봐, 그건 너무 앞서 생각하는 거야!

테트라 아차차! 그렇죠, 죄송해요.

나 수열 $\{a_n\}$은 3, 3, 3이라는 수로 시작하는 것을 알았어. 이건 문제를 천천히 읽으면 알 수 있는 거야.

$$3,\quad 3,\quad 3, \cdots.$$

테트라 그렇죠.

나 입학시험은 OMR카드 형식이지만, 답을 표시하는 것만 생각해서는 안 돼. 어디까지나 주어진 수학 문제를 풀려는 마음가짐을 갖는 게 좋아. 수학 문제가 잘 풀린다면 제대로 표시할 수 있으니까. 그리고 문제를 잘 풀기 위해서는 문제를 확실하게 읽지 않으면 안 돼.

테트라 그렇군요. 그건 그렇겠네요…. 문제를 확실하게 읽는다.

4-5 점화식으로 수열을 정의한다

나 그럼, 문제의 다음을 읽어보자. 수열 $\{a_n\}$의 설명이 이어져.

수열 $\{a_n\}$은 …(중략)… 모든 자연수 n에 대해서

$$a_{n+3} = \frac{a_n + a_{n+1}}{a_{n+2}} \qquad \cdots\cdots\cdots\cdots\cdots ②$$

을 만족한다고 한다.

테트라 선배. 저 ②같이 문자가 많이 나오는 수식은 어려워요.

나 걱정할 필요 없어. 잘 봐. 이 ②라는 식을 보고 뭔가 알 수 있는 게 없어?

테트라 음. ②에 나오는 문자 전부, $a_{무엇}$ 같은 형식이네요. 그걸 말하는 건가요?

나 그렇지, 그렇지. ②에 나오는 문자는 a_n과 a_{n+1}과 a_{n+2}와 a_{n+3}이야.

테트라 있잖아요…. 여기에 나오는 n은 뭐예요?

나 응, 그럴 때는 문제를 읽어 보자. 잘 봐. '모든 자연수 n에 대해서'라고 쓰여 있지? 자연수라는 건 1, 2, 3, 4… 같은 수

니까, 이 ②라는 식의 n에 1, 2, 3, 4… 중 어떤 수를 넣어도 ②가 성립한다는 거야.

테트라 누가요? 누가 그렇게 말하고 있어요?

나 문제를 만든 사람이지. 이 문제를 만든 사람이 그렇게 말하고 있어. 문제를 만든 사람은 이 ②라는 식을 사용해서 수열 $\{a_n\}$을 정의하고 있어.

테트라 수열의 정의….

나 수열은 수의 열. 아까 $a_1 = 3$, $a_2 = 3$, $a_3 = 3$이라는 식으로, 처음의 3항은 알 수 있지만 다음은 알 수 없어. 하지만, 이 ②의 식을 사용하면 다음의 항 a_4, a_5, a_6,…을 쭉 정할 수 있어.

테트라 계속…, 계속 정할 수 있어요? 무한으로?

나 음, 그렇긴 한데, '무한으로 정한다'는 표현은 계속 이어져 있어서 언제까지나 끝나지 않을 것 같은 기분이 들지. 어떤 큰 자연수 n에 대해서도 a_n은 정해진다는 거야. 예를 들면 $n = 10000$이라도 a_n은 정해져. ②의 식을 사용한다면.

테트라 아, 있잖아요…. 죄송한데 ②의 식을 어떻게 사용하는지 모르겠어요. 이해력이 안 좋아서 죄송해요.

나 다시 한 번 ②를 잘 보자. 식의 형태를 보는 거야.

$$a_{n+3} = \frac{a_n + a_{n+1}}{a_{n+2}} \qquad \cdots\cdots\cdots\cdots\cdots ②$$

테트라 식의 형태라…. 음, 식의 형태는 분수예요. 그리고 음…, 그 다음은 뭐죠?

나 응. 여기서는 '우변'에 a_n, a_{n+1}, a_{n+2}가 있고, '좌변'에 a_{n+3}이 있는 식의 형태가 중요한 거야.

테트라 그건, 왜죠?

나 ②의 식을 사용하면 a_1, a_2, a_3에서 a_4를 계산할 수 있기 때문이야. 테트라, 이게 포인트야!

테트라 에… 앗! 정말 그래요!

나 ②의 n에 1을 대입하면, 우변의 a_1, a_2, a_3을 사용해서 좌변의 a_4를 계산할 수 있어. 다음으로, ②의 n에 2를 대입하면, 우변의 a_2, a_3, a_4를 사용해서 좌변의 a_5를 계산할 수 있어. 이건 알겠지?

테트라 예, 알겠어요!

- a_1, a_2, a_3을 사용해서 a_4를 계산할 수 있다.
- a_2, a_3, a_4를 사용해서 a_5를 계산할 수 있다.
- a_3, a_4, a_5를 사용해서 a_6을 계산할 수 있다….

라는 거죠!

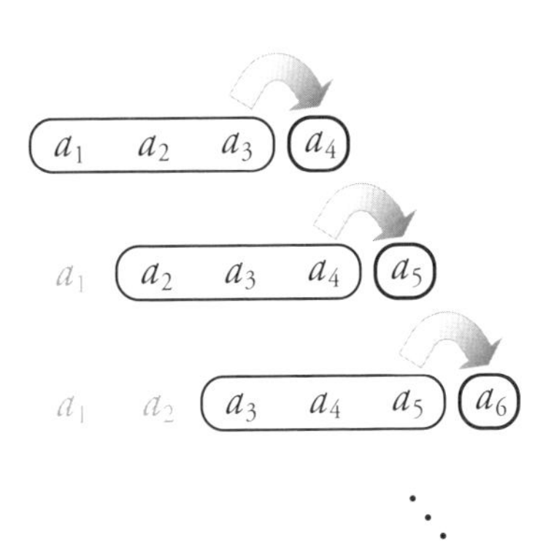

나 그렇지, 그렇지. 그렇게 하면 어떤 자연수 n에 대해서도 a_n을 합산할 수 있어. 그러니까,

- $a_1 = 3,\ a_2 = 3,\ a_3 = 3$이라는 구체적인 수와
- ②라는 식,

이 2개를 활용해서 수열 $\{a_n\}$을 정의하고 있어. ②의 식의 형태가 분수인지 아닌지는 지금은 어떻든지 좋아. 처음에 읽지 않으면 안 되는 부분은, 여기서 수열 $\{a_n\}$을 정의하고 있다는 거야.

테트라 수식은 그런 식으로 읽는 거군요!

나 ②같이 수열을 정의하고 있는 수식을 수열의 점화식이라 고 해. 이 문제에서는 점화식에서 수열 $\{a_n\}$을 정의하고 있지. 여기까지 알겠어?

테트라 네! 잘 알겠어요.

$$\begin{cases} a_1 & = 3 \\ a_2 & = 3 \\ a_3 & = 3 \\ a_{n+3} & = \dfrac{a_n + a_{n+1}}{a_{n+2}} \quad (n = 1, 2, 3) \end{cases}$$

점화식으로 수열 $\{a_n\}$을 정의한다.

나 수학 문제는 이런 식으로 하나하나 읽으면 잘 이해할 수 있어. 근데 수학적 귀납법까진 아직 멀었네.

테트라 아니에요, 선배. 여기까지도 엄청 공부가 되었어요. 머릿속에서 잘 정리되고 있어요. 수식을 복잡하게 생각했었는데 깨끗이 정리되었어요.

나 그거 잘됐다. 그럼, 문제의 다음을 읽어볼까?

테트라 선배! 다음을 읽기 전에 하고 싶은 게 있는데요!

나 응?

4-6 항의 계산

테트라 죄송해요, 선배. 모처럼 계산 방법을 알았으니, 저 ②의 식을 사용해서 구체적으로 a_4, a_5, a_6 …을 계산해 보고 싶은데요….

나 아아, 그렇지. 각항을 계산하고 싶은 테트라의 마음을 잘 알겠어.

테트라 네! 그럼, 계산해 볼게요. 먼저 a_4부터네요.

$$
\begin{aligned}
a_{n+3} &= \frac{a_n + a_{n+1}}{a_{n+2}} && \text{②의 식} \\
a_{1+3} &= \frac{a_1 + a_{1+1}}{a_{1+2}} && \text{②의 식에 } n = 1\text{을 대입했다.} \\
a_4 &= \frac{a_1 + a_2}{a_3} && \text{첨자를 계산했다.} \\
&= \frac{3+3}{3} && a_1 = 3,\ a_2 = 3,\ a_3 = 3\text{을 사용했다.} \\
&= \frac{6}{3} && 3 + 3 = 6\text{을 계산했다.} \\
&= 2 && 6 \div 3 = 2\text{를 계산했다.}
\end{aligned}
$$

나 좋은데. $a_4 = 2$가 되었어.

테트라 다음은 a_5를 계산해 볼게요.

$$a_{n+3} = \frac{a_n + a_{n+1}}{a_{n+2}} \quad \text{②의 식}$$

$$a_{2+3} = \frac{a_2 + a_{2+1}}{a_{2+2}} \quad \text{②의 식에 } n = 2\text{를 대입했다.}$$

$$a_5 = \frac{a_2 + a_3}{a_4} \quad \text{첨자를 계산했다.}$$

$$= \frac{3+3}{2} \quad a_2 = 3,\ a_3 = 3,\ a_4 = 2\text{를 사용했다.}$$

$$= \frac{6}{2} \quad 3 + 3 = 6\text{을 계산했다.}$$

$$= 3 \quad 6 \div 2 = 3\text{을 계산했다.}$$

나 $a_5 = 3$이야.

테트라 그런 거 같네요. 다음은 a_6이에요.

$$a_{n+3} = \frac{a_n + a_{n+1}}{a_{n+2}} \quad \text{②의 식}$$

$$a_{3+3} = \frac{a_3 + a_{3+1}}{a_{3+2}} \quad \text{②의 식에 } n = 3\text{을 대입했다.}$$

$$a_6 = \frac{a_3 + a_4}{a_5} \quad \text{첨자를 계산했다.}$$

$$= \frac{3+2}{3} \quad a_3 = 3,\ a_4 = 2,\ a_5 = 3\text{을 사용했다.}$$

$$= \frac{5}{3} \quad 3 + 2 = 5\text{를 계산했다.}$$

나 $a_6 = \frac{5}{3}$라고 계산했네.

테트라 어라, 분수가 나왔어요….

나 수열에는 분수가 나와도 특별히 문제는 없어.

테트라 그렇지만…. 그럼 다음으로 a_7을….

$$
\begin{aligned}
a_{n+3} &= \frac{a_n + a_{n+1}}{a_{n+2}} && \text{②의 식} \\
a_{4+3} &= \frac{a_4 + a_{4+1}}{a_{4+2}} && \text{②의 식에 } n = 4\text{를 대입했다.} \\
a_7 &= \frac{a_4 + a_5}{a_6} && \text{첨자를 계산했다.} \\
&= \frac{2+3}{\frac{5}{3}} && a_4 = 2,\ a_5 = 3,\ a_6 = \frac{5}{3}\text{를 사용했다.} \\
&= 5 \div \frac{5}{3} && \text{분수를 나눗셈의 형태로} \\
&= 5 \times \frac{3}{5} && \text{분수의 나눗셈을 곱셈의 형태로} \\
&= 3 && \text{계산했다.}
\end{aligned}
$$

나 이번에는 $a_7 = 3$이 되었어.

테트라 자연수로 돌아오니 안심이에요. a_1에서 a_7까지 풀었어요!

n	1	2	3	4	5	6	7	…
a_n	3	3	3	2	3	$\frac{5}{3}$	3	…

나 있잖아, 테트라.

테트라 네네, 빨리 다음으로 넘어가죠! 다음으로….

나 있잖아, 테트라. 눈치챘어?

테트라 아, 죄, 죄송해요. 이런 거 계속했다간 끝이 없죠!

나 아니, 그런 게 아니라.

테트라 네?

나 테트라가 입학시험 문제에 있는 빈칸의 [가] [나] [다]를 찾은 거야!

> 먼저, ②에서
>
> $$a_4 = \frac{a_1 + a_2}{a_3} = \boxed{가},\ a_5 = 3,\ a_6 = \frac{\boxed{나}}{\boxed{다}},\ a_7 = 3$$이다.
>
> 따라서….

테트라 정말이네요, 언제 이렇게! 음, [가]는 a_4니까 2네요. 그리고 $a_6 = \frac{5}{3}$니까, [나]는 5이고, [다]는 3이에욧!

나 테트라의 마음은 순수했다는 거네. 확실히 ② 같은 점화식이 주어질 때 a_4, a_5, a_6, …을 계산할 수 있다는 것을 알면 실제로 계산하고 싶어지지.

테트라 그렇죠. 행복해져요!

4-7 수열로 수열을 정의한다

나 그런데, 입학시험 문제로 돌아가 보면 빈칸의 [가] [나] [다] 에 들어가기 전에 다른 수열이 나와.

> 또한, 수열 $\{b_n\}$, $\{c_n\}$을 자연수 n에 대해서, $b_n = a_{2n-1}$, $c_n = a_{2n}$이라고 정한다. 수열 $\{b_n\}$, $\{c_n\}$의 일반항을 구하시오.

테트라 음….

나 침착해. 2개의 수열이 나오고 있지? 뭐와 뭐지?

테트라 네, 수열 $\{b_n\}$이랑 수열 $\{c_n\}$이에요.

나 응, 그렇지. 그럼 각각의 수열의 정의는 알고 있어?

테트라 또 정의군요! 네, 알고 있어요.

$b_n = a_{2n-1}$　　수열 $\{b_n\}$의 정의

$c_n = a_{2n}$　　수열 $\{c_n\}$의 정의

나 응, 그걸로 좋아. 이번에는 2가지 수열 $\{b_n\}$과 $\{c_n\}$을 수열

$\{a_n\}$을 사용해서 정의한 것이 되네.

테트라 네.

나 지금 테트라가 쓴 식은 문제에 있는 그대로야.

> $b_n = a_{2n-1}$, $c_n = a_{2n}$이라고 정한다.

테트라 선배! 문제에 나오는 '○○이라고 정한다'는 말이 중요하네요. 이 '○○이라고 정한다'는 말로 수열을 정하려 하는 것도 문제를 만든 사람이에요!

나 그렇지, 그렇지.

테트라 마치 게임의 규칙을 정하는 것 같네요….

나 그런데 이 $b_n = a_{2n-1}$은 어떻게 읽으면 될까?

테트라 어? b_n은 a_{2n-1}과 같다는 건가요?

나 응, 그렇긴 한데…. 이건 b_n을 정의하는 식이니까 'b_n을 a_{2n-1}로 정의한다'고 하는 게 맞을 거야. 그래서 a_{2n-1}은 뭔지 알아?

테트라 수열 $\{a_n\}$의…. 음, $2n-1$번째 수예요!

나 그것도 맞지만, 으음…, 묻는 방식이 잘못됐구나. 자, $n = 1, 2, 3, 4, \cdots$일 때, $2n-1$이 무엇을 나타내는지 알아?

테트라 $2n-1$은 홀수네요!

나 그렇지, 그렇지. 그러니까 결국 수열 $\{b_n\}$은 수열 $\{a_n\}$의 짝수 번째 수를 빼고 이루어진 수열이라는 거지. $2n-1$은 홀수를 만드는 식이니까 $n = 1, 2, 3, 4, 5, \cdots$일 때, $2n-1 = 1, 3, 5, 7, 9, \cdots$가 돼.

테트라 알겠어요. 아, 수열 $\{c_n\}$은 a_{2n}이니까 짝수네요!

나 그렇지. 첨자가 짝수.

- 수열 $\{b_n\}$은, a_1, a_3, a_5, a_7, a_9, $\cdots$라는 수열.
- 수열 $\{c_n\}$은, a_2, a_4, a_6, a_8, a_{10}, $\cdots$라는 수열.

나 그럼, 문제의 다음을 읽어보자. 친절하게도 문제를 만든 사람은 이 문제가 어디로 향하는지를 알려 주고 있어.

수열 $\{b_n\}$, $\{c_n\}$의 일반항을 구하시오.

나 여기서 키워드가 뭐라고 생각해?

테트라 일반항이요?

나 응, 그렇지. 수열 $\{b_n\}$의 일반항은 b_n이지. 그리고 수열 $\{c_n\}$의 일반항은 c_n이고.

테트라 음…, 즉 '그 수열의 n번째 수는 무엇인가?'를 묻고 싶을 때의 대답이네요, 일반항이라는 건.

나 그렇지. 일반항이라고 해도 좋고, 제 n항이라고 해도 좋아. 테트라가 말한 대로 '그 수열의 n번째 수는 무엇인가?'에 대답하기 위해서 대부분은 '수열의 일반항을 n을 사용해서 나타낸다'는 것이 목표가 돼.

테트라 네. 일반항을 n을 사용해서 나타낸다. 알겠습니다.

테트라는 '비밀노트'에 메모를 한다. 그녀는 언제나 수학에서 배운 것이나 키워드를 재빨리 메모한다.

나 목표는 수열 $\{b_n\}$, $\{c_n\}$의 일반항을 구하는 건데, 문제에서는 그것에 이어서, 아까 테트라가 구한 a_4, a_5, a_6, a_7, …의 이야기네.

먼저, ②에서

$$a_4 = \frac{a_1 + a_2}{a_3} = \boxed{가}, \ a_5 = 3, \ a_6 = \frac{\boxed{나}}{\boxed{다}}, \ a_7 = 3\text{이다.}$$

따라서….

테트라 이거는 아까 채웠어요. $\boxed{가}$는 2고, $\boxed{나}$는 5고, $\boxed{다}$

는 3이에요. 아까 분수가 나와서 불안했지만 해답란이 분수로 되어 있어서 안심했어요.

나 아, 그러네. 그리고 테트라가 스스로 계산한 $a_5 = 3$이랑 $a_7 = 3$도 문제와 맞아.

테트라 문제에 나오는 거군요…. 계산해 버렸네요.

나 아니야, 아니야. 자기 자신에게 잘 맞는 길을 가고 있다는 증거야.

테트라 히힛, 문제의 다음을 읽어봐요!

4-8 수열의 추정

따라서, $b_1 = b_2 = b_3 = b_4 = 3$이 되므로,

$$b_n = 3 \quad (n = 1, 2, 3, \cdots) \quad \cdots\cdots\cdots\cdots\cdots ③$$

이라고 추정할 수 있다.

나 이 문장이 무엇을 말하는지 알겠어?

테트라 네! 알겠어요. b_1, b_2, b_3, b_4라는 건 홀수 번째의 a_1, a_3, a_5, a_7이고, 전부 3과 같아요. b_1에서 b_4까지가 전부 3이므로, b_5, b_6, b_7, …도 계속 3과 같다! 문제를 만든 사람이 그렇게 주장하고 있네요!

나 정확하게는 그렇게 '주장'하고 있는 것이 아니라 그렇다고 '추정'하는 거야.

테트라 어라, 어라라?

나 잘 봐. 일부러 '…라고 추정할 수 있다'고 적혀 있어. 여기서는 다시 '추정'이야. 왜냐하면 3과 같은 것을 실제로 확인한 건 어디까지나 b_1, b_2, b_3, b_4의 4개의 항뿐이잖아. 그렇다면 b_5나 b_{10000}이나 b_6이 3과 같다고는 아직 말할 수 없어.

테트라 하아, 그건 그러네요. 그렇다면, 계속 계산하면 되겠네요!

나 아니, 아니, 그게 아니야.

테트라 틀렸나요?

나 여기서는 계속 계산하고 싶은 게 아니야. 수없이 구체적으로 계산해서 확인해도 확인한 범위 내에서만 확실하다고 말할 수 있으니까.

테트라 그건, 당연한 거 아닌가요? 확인한 범위에서만 확실하다고 말할 수 있는 거잖아요?

나 테트라, 여기서 수학이 힘을 내는 거야! 증명할 때가 온 거지.

테트라 증명한다?

4-9 증명

나 문제의 다음을 읽어보자.

③을 나타내기 위해서는, $b_1 = 3$이므로, 모든 자연수 n에 대해서

$$b_{n+1} = b_n \qquad \cdots\cdots\cdots\cdots\cdots ④$$

인 것을 나타내면 된다.

나 여기에 '나타내면 된다'고 쓰여 있지? 수학에서는 '나타내는 것'을 '증명한다'는 의미로 사용할 때가 있어. 그러니까 이 문제는 이렇게 말하고 있는 거야.

③을 증명하기 위해서는, $b_1 = 3$이므로, 모든 자연수 n에 대해서

$$b_{n+1} = b_n \qquad \cdots\cdots\cdots\cdots\cdots ④$$

인 것을 증명하면 된다.

테트라 죄송해요. 조금 다른 얘기가 되겠지만 질문해도 될까요?

나 응, 뭐야?

테트라 이 문제에는 '모든 자연수 n에 대해서'라고 쓰여 있어요.

나 그렇지.

테트라 그렇다는 건 '$n = 1, 2, 3, 4, \cdots$의 어떤 것에 대해서도'라는 거죠?

나 그렇지. 어떤 자연수 n에 대해서도 $b_{n+1} = b_n$을 증명하면 돼. 이 문제에서는 '모든'이라고 말하고 있지만, 수학에서는 '임의의'라는 표현을 사용하는 경우가 많아. 의미는 같지만.

테트라 네…. 그런데, 그런 게 가능한가요? 왜냐하면 무수히

많잖아요. 자연수는.

나 그렇지! 그거야 테트라. 그게 엄청 어렵고, 엄청 재밌는 부분이야. 자연수는 무수히 많아. 그렇기 때문에 하나하나 확인해 볼 수 없어. 계산해서 확인하는 것이 아니고 증명이 필요하다는 거지.

테트라 ….

나 증명이 가능하면 자연수가 무수히 많아도 괜찮아.

테트라 모든 자연수에 대해서 증명…?

나 그렇지. 수학에는 모든 자연수에 대해서 증명하는 방법이 있어.

테트라 그런 것도 있나요?

나 있지. 모든 자연수에 대해서 증명하는 방법. 그게 수학적 귀납법이야.

테트라 …!

나 수학적 귀납법이 도대체 어떤 것인지는 아까 읽은 문제문 1의 다음에 정확히 나와. 읽어 보자.

테트라 네엣!

4-10 문제문 2

●●● 문제문 2

(160쪽 문제문 1에서 이어짐)

이것을 먼저, $n=1$일 때 ④가 성립하는 것을 나타내고, 다음으로 $n=\mathrm{k}$일 때도 ④가 성립한다고 가정하면, $n=\mathrm{k}+1$일 때 ④가 성립하는 것을 나타내는 방법을 이용하여 증명하시오. 이 방법을 [라]라고 한다. [라]에 들어갈 것을 ㉠~㉣ 중에서 1개 선택하시오.

㉠ 조립제법 ㉡ 호도법 ㉢ 수학적 귀납법 ㉣ 귀류법

(196쪽 문제문 3으로 이어짐)

테트라 ….

나 그러니까, 이 [라]의 정답은 ㉢의 수학적 귀납법이야. 참고로 ㉠의 조립제법은 다항식의 나눗셈의 방법. ㉡의 호도법은 각도를 '도'가 아닌 '라디안'으로 나타내는 방법. 즉, ㉠이나 ㉡은 원래 증명의 방법이 아니야. ㉣의 귀류법은 증명의 방법이지만, 이건 증명하고 싶은 명제의 부정을 가정해서 모순을 끌어내는 방법으로 자연수의 증명과는 직접적인 관계가 없어.

테트라 ….

나 응? 테트라, 왜 그래? 귀류법이 신경 쓰여?

테트라 아, 아니요. 그게 아니라, 저 이 문제문의 의미를 전혀 모르겠어요. 이건 우리말인거죠?

먼저, $n = 1$일 때 ④가 성립하는 것을 나타내고, 다음으로 $n = \mathrm{k}$일 때 ④가 성립한다고 가정하면, $n = \mathrm{k} + 1$일 때도 ④가 성립하는 것을 나타내는 방법을…

나 그렇지, 정말 우리말 같지 않지. 여기서도 조금씩 읽어 가는 게 중요해. 잘 봐. 이런 식으로 수학적 귀납법을 '2가지 단계'로 나눠서 읽어보자.

수학적 귀납법의 '2가지 단계'

1단계

$n = 1$일 때 ④가 성립하는 것을 나타낸다.

2단계

$n=$k일 때 ④가 성립한다고 가정하면,

$n=$k$+1$일 때도 ④가 성립하는 것을 나타낸다.

테트라 네, 2개의 단계네요.

나 여기서 우리가 관심이 있는 것은 문제에 나오는 ④라는 명제야.

$$b_{n+1}=b_n \qquad \cdots\cdots\cdots\cdots\cdots \text{④}$$

테트라 네. 이건 수열 $\{b_n\}$에 대한 식이죠?

나 그래. '모든 자연수 n에 대해서도 ④가 성립한다'는 것을 증명하는 것이 목표지. 그래서 ④에서는 n이라는 문자가 정말 중요한 역할을 하고 있어.

테트라 네에.

나 왜냐하면 n의 값이 변하면 ④의 주장도 변하기 때문이야. 예를 들어 $n=1$일 때, ④의 주장은 이렇게 돼.

$$b_2 = b_1 \quad \cdots\cdots\cdots\cdots\cdots \text{④이며 } n=1\text{일 경우}$$

테트라 정말 그러네요.

나 만약, $n=2$였다면 ④는 어떻게 되었을까?

테트라 네, 이렇게 되요.

$$b_3 = b_2 \quad \cdots\cdots\cdots\cdots\cdots \text{④이며 } n=2\text{일 경우}$$

나 그렇지, 그렇지. 그리고 우리가 최종적으로 증명하고 싶은 것은 $n=1$일 때도, $n=2$일 때도, $n=3$일 때도… 어떤 자연수 n에 대해서도 ④가 성립한다는 거야.

테트라 네! 그런데 자연수는 무수히 많으니까…. 그게 큰 문제네요.

나 응, 그렇지. 자연수는 무수히 많아. 이건 정말 큰 문제야. $b_2 = b_1$을 증명하고, $b_3 = b_2$를 증명하고, …그렇게 하나하나 증명할 수는 없어. 자연수는 무수히 많으니까 아무리 하나하나 증명한다 해도 증명이 끝날 수는 없겠지.

테트라 그렇죠, 그렇죠! 증명을 끝낼 수 없다, 그거에요!

테트라는 흥분해서 크게 고개를 끄덕였다.

나 그래서 수학적 귀납법이 등장하는 거야. 아까 2가지 단계를 다시 한 번 잘 보자. 먼저 최초의 1단계부터.

4-11 1단계

수학적 귀납법의 '2가지 단계'

1단계 먼저 여기에 주목 ↓

$n=1$일 때 ④가 성립하는 것을 나타낸다.

2단계

$n=\mathrm{k}$일 때 ④가 성립한다고 가정하면,

$n=\mathrm{k}+1$일 때도 ④가 성립하는 것을 나타낸다.

나 1단계는 '$n=1$일 때 ④가 성립하는 것을 나타낸다'는 건데, 뭔지 알겠어?

테트라 음…, 저기….

나 테트라도 이미 알고 있을 거라 생각해.

테트라 음, 틀렸다면 죄송해요. '$n=1$일 때 ④가 성립하는 것을 나타낸다'는 건 '$b_2=b_1$을 나타낸다'는 건가요?

나 그렇지, 그렇지.

테트라 아아, 다행이다. 근데, 저…, 이런 거 말해도 되나 싶은데요. '그것뿐이야?'라는 생각이 드네요. '$n=1$일 때…'라는 거, 조금 과장이죠?

테트라가 큰 눈으로 나를 바라본다.

나 그렇지. 정말 과장된 표현일지도 몰라. 근데 그건 문제를 만든 사람이 수학적 귀납법의 형태에 맞추려 하고 있기 때문이야.

테트라 수학적 귀납법의 형태군요….

나 그런데, 테트라. $b_2=b_1$을 증명할 수 있어?

테트라 네? 음, 증명은 할 수 없지만 $b_1=3$과 $b_2=3$은 아까 구했으니까 $b_2=b_1$은 성립한다고 생각해요.

나 말 그대로야! 그건 훌륭한 증명이야, 테트라.

테트라 그래요? 증명이란 건 뭔가…, 어려운 수식을 사용하지 않으면 안 된다고 생각했어요.

나 어려운 수식을 사용하지 않으면 안 된다는 규칙은 없어. b_2랑 b_1 모두 3이라는 수와 같아. 그러니까, $b_2 = b_1$이라고 말할 수 있어. 이건 훌륭한 증명이지.

테트라 네, 알겠어요.

나 이걸로 수학적 귀납법의 '2가지 단계' 중에서 1단계가 끝났어. 2단계로 넘어가자.

테트라 네엣!

4-12 2단계

나 그럼, 다음으로 2가지 단계에서 2단계를 보자. 이게 수학적 귀납법의 핵심이 돼.

수학적 귀납법의 '2단계'

1단계

$n = 1$일 때 ④가 성립하는 것을

나타낸다.

2단계 이번에는 여기에 주목 ↓

$n=\mathrm{k}$일 때 ④가 성립한다고 가정하면,

$n=\mathrm{k}+1$일 때도 ④가 성립하는 것을

나타낸다.

테트라 이 2단계는 정말 우리말이라고 보이지 않아요!

나 그렇게 말하지 말고 천천히 읽어보자. 여기서는 2가지 중요한 포인트가 있는 것을 알 수 있지. 즉, 'k일 때'와 'k+1일 때'의 2가지.

테트라 정말로 그 2가지는 나와 있네요….

테트라는 나를 향해 미안하다는 듯이 말한다. 나는 어떻게 해야 테트라가 이해할지 머리를 굴린다.

나 응, 그렇지! 도미노를 생각하면 좋아.

테트라 하나를 넘어뜨리면 딱, 딱, 딱… 쓰러지는?

나 바로 그거야. 1단계는 첫 번째 도미노가 쓰러진다는 것과 같은 거지.

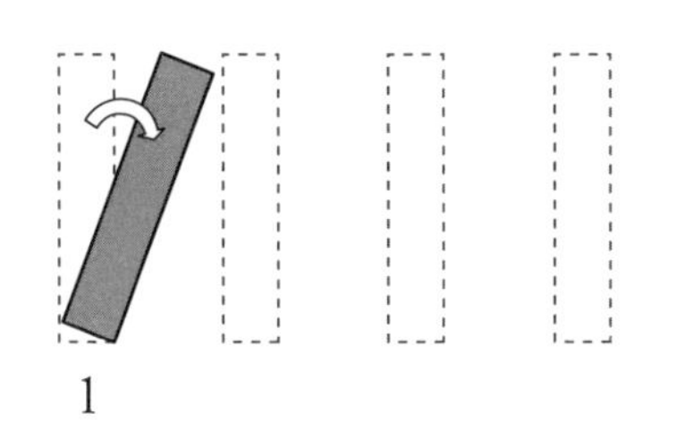

1단계는 첫 번째 '도미노가 쓰러진다'는 것을 나타낸다.

테트라 네에.

나 그리고 2단계는 어떤 자연수 k에 대해서도 'k번째 도미노가 쓰러지면, k+1번째 도미노도 쓰러진다'는 것과 같아.

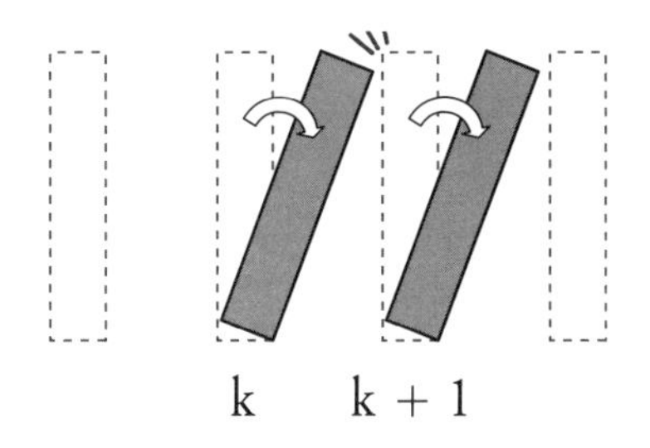

2단계는 어떤 자연수 k에 대해서도 k번째 도미노가 쓰러지면,
k+1번째 도미노도 쓰러진다는 것을 나타낸다.

테트라 다음의 도미노가 딱, 딱 쓰러진다는 거네요.

나 그렇지. 이 2가지의 1단계와 2단계가 모두 성립한다면 n이 어떤 큰 자연수라도, n번째 도미노는 쓰러진다고 증명한 게 되는 거야. 예를 들면, 100번째 도미노라도 쓰러진다고 말할 수 있지.

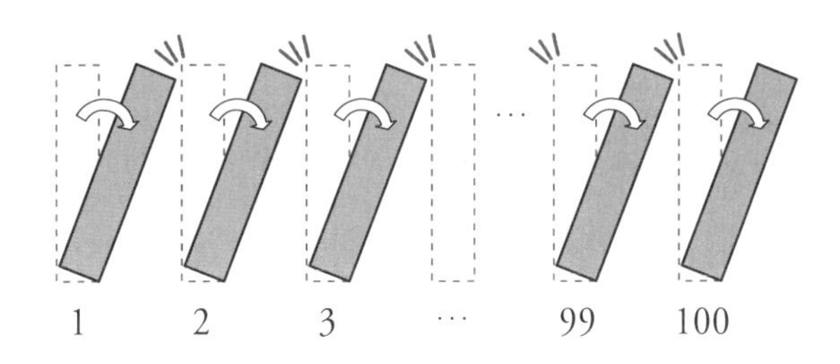

100번째 도미노도 쓰러진다고 말할 수 있다.

테트라 앗! 정말 그러네요.

- **1번째 도미노가 쓰러진다.**

  (이것은 1단계에서 말할 수 있다.)

- **1번째 도미도가 쓰러졌다면,**

  다음의 2번째 도미노도 쓰러진다.

  (이것은 2단계에서 $k=1$일 때 말할 수 있다.)

- **2번째 도미노가 쓰러졌다면,**

  다음의 3번째 도미노도 쓰러진다.

(이것은 2단계에서 $k = 2$일 때 말할 수 있다.)

- **3번째 도미노가 쓰러졌다면,**
  다음의 4번째 도미노도 쓰러진다.
  (이것은 2단계에서 $k = 3$일 때 말할 수 있다.)

⋮

- **99번째 도미노가 쓰러졌다면,**
  그 다음의 100번째 도미노도 쓰러진다.
  (이것은 2단계의 $k = 99$일 때 말할 수 있다.)

- **따라서, 100번째 도미노가 쓰러진다고 말할 수 있다.**

나 그런 거야. 이게 수학적 귀납법에 해당하는 거지.

테트라 선배, 알겠어요. '도미노가 쓰러진다'는 건 '④가 성립한다'의 예가 되는 거네요!

나 말 그대로야!

- $n = 1$**일 때 ④가 성립한다.**
  (이것은 1단계에서 말할 수 있다.)

- $n=1$**일 때 ④ 가 성립한다면,**
  $n=2$**일 때 ④ 는 성립한다.**
  (이것은 2단계에서 k=1일 때 말할 수 있다.)

- $n=2$**일 때 ④ 가 성립한다면,**
  $n=3$**일 때 ④ 는 성립한다.**
  (이것은 2단계에서 k=2일 때 말할 수 있다.)

- $n=3$**일 때 ④ 가 성립한다면,**
  $n=4$**일 때 ④ 는 성립한다.**
  (이것은 2단계에서 k=3일 때 말할 수 있다.)

⋮

- $n=99$**일 때 ④ 가 성립한다면,**
  $n=100$**일 때 ④ 는 성립한다.**
  (이것은 2단계에서 k=99일 때 말할 수 있다.)

- **따라서,** $n=100$**일 때 ④ 가 성립한다고 말할 수 있다.**

테트라 도미노를 예로 드니까 알겠어요! 2단계에서 'k일 때 성립한다면, k+1일 때도 성립한다'는 것을 증명하는 것은 꼭 다음의 도미노가 쓰러진다는 것을 증명하는 것과 같은 거네요!

나 그렇지!

테트라 선배, 이제야 수학적 귀납법이 무엇을 하려는 건지 알겠어요. 수학적 귀납법의 '2단계'를 증명하면, 어떤 자연수 n에 대해서도 증명한 것이 되네요. 도미노와 같은 이유로!

나 그렇지, 그렇지! 그런 거야, 테트라.

테트라 입학시험 문제를 읽기만 했다면 절대로 이해하지 못했을 거라 생각해요. n이나 k가 뛰어다니는 속에서 도미노 같은 건 상상도 못했을 거예요!

나 음, 그렇지. 자, 그럼 여기서 입학시험의 문제로 돌아가 보자. 아까 우리가 '1단계'와 '2단계'를 읽은 부분을 입학시험 문제를 만든 사람은 [I]과 [II]라고 부르고 있어.

4-13 문제문 3

문제문 3 (183쪽 문제문 2에서 이어짐)

[I] $n=1$일 때, $b_1=3$, $b_2=3$이므로 ④는 성립한다.

[II] $n=\mathrm{k}$일 때, ④가 성립한다. 즉,

$$b_{\mathrm{k}+1}=b_{\mathrm{k}} \quad \cdots\cdots\cdots\cdots\cdots ⑤$$

라고 가정한다. $n=\mathrm{k}+1$일 때, ②의 n에 2k를 대입해 얻은 등식과 $2\mathrm{k}-1$을 대입해 얻은 등식에서

$$b_{\mathrm{k}+2}=\frac{c_{\mathrm{k}}+\boxed{\text{마}}_{\mathrm{k}+1}}{\boxed{\text{바}}_{\mathrm{k}+1}},\quad c_{\mathrm{k}+1}=\frac{\boxed{\text{사}}_{\mathrm{k}}+c_{\mathrm{k}}}{\boxed{\text{아}}_{\mathrm{k}+1}}$$

가 되므로, $b_{\mathrm{k}+2}$는

$$b_{\mathrm{k}+2}=\frac{(\boxed{\text{자}}_{\mathrm{k}}+\boxed{\text{차}}_{\mathrm{k}+1})\boxed{\text{카}}_{\mathrm{k}+1}}{b_{\mathrm{k}}+c_{\mathrm{k}}}$$

이라고 나타낼 수 있다. 따라서 ⑤에 의해, $b_{\mathrm{k}+2}=b_{\mathrm{k}+1}$이 성립하므로, ④는 $n=\mathrm{k}+1$일 때도 성립한다.

[I], [II]에 의해, 모든 자연수 n에 대해서 ④가 성립하는 것이 증명되었다. 따라서 ③이 성립하므로, 수열 $\{b_n\}$의 일반항은 $b_n=3$이다.

(문제문 끝)

테트라 우와왓, 이거 또 복잡한 수식이….

나 복잡하게 보이지만 수학적 귀납법의 '2단계'가 머릿속에 있다면 패턴대로라고 눈치챘을 거야.

테트라 도미노를 상상해도 되는 거죠!

나 그렇지. 또 조금씩 읽어볼까?

테트라 네엣!

[I] $n=1$일 때, $b_1 = 3$, $b_2 = 3$이므로 ④는 성립한다.

나 이 [I]은 '1단계'에 해당해. 즉….

테트라 네, 네, 넷! 첫 번째 도미노를 쓰러뜨리는 거네요!

나 테트라, 도미노가 마음에 들었구나.

[II] $n = \mathrm{k}$일 때, ④가 성립한다. 즉,

$$b_{\mathrm{k}+1} = b_{\mathrm{k}} \qquad \cdots\cdots\cdots\cdots\cdots \text{⑤}$$

라고 가정한다.

나 이 [II]는 '2단계'의 전반부야. '$n = \mathrm{k}$일 때'니까 'k번째 도미노가 쓰러진다'고 하는 부분이지.

테트라 네. 음…, 우리는 'k번째 도미노가 쓰러진다'면 'k+1

번째 도미노가 쓰러진다'는 걸 지금부터 증명하는 거죠?

나 그렇지, 그렇지. 잘 이해했네. 여기서 중요한 건 이제부터 '$b_{k+1} = b_k$'의 식은 자유롭게 사용해도 된다는 거야.

테트라 그렇다는 건?

나 이제부터는 증명에서 '$b_{k+1} = b_k$'라는 식을 성립하는 것으로 사용해도 된다는 거지. 지금은 k번째 도미노가 쓰러진다면, 다음 도미노가 쓰러질지 아닐지를 생각하는 거야. 그러니까, '$b_{k+1} = b_k$'가 성립하고 있다는 것을 가정해서 생각하라는 거지. 필요한 곳에서 이 식이 나올 테지만.

테트라 그, 그렇구나….

> $n = k + 1$일 때, ②의 n에 2k를 대입해 얻은 등식과 2k − 1을 대입해 얻은 등식에서
>
> $$b_{k+2} = \frac{c_k + \boxed{마}_{k+1}}{\boxed{바}_{k+1}}, \quad c_{k+1} = \frac{\boxed{사}_k + c_k}{\boxed{아}_{k+1}}$$
>
> 가 되므로….

나 복잡하다고 생각했지, 테트라?

테트라 네…. 말씀하신 그대로예요.

나 그렇지만 사실 여긴 문제를 만든 사람이 신중하게 답을

유도하고 있는 곳이야. 유도하는 대로 따라가면 문제를 풀 수 있어.

테트라 유도를 따라간다는 건?

나 문제에 쓰여 있는 대로 하면 된다는 거야. 그대로 ②의 n에 2k를 대입하면 이런 등식을 금방 얻을 수 있어.

$$a_{n+3} = \frac{a_n + a_{n+1}}{a_{n+2}} \quad \text{②의 식}$$

$$\downarrow$$

$$a_{2k+3} = \frac{a_{2k} + a_{2k+1}}{a_{2k+2}} \quad \text{유도에 따라 } n = 2k\text{를 대입}$$

테트라 그, 그런데, n에 2k를 대입하면 정말 그렇게는 되지만, 저는 '왜 갑자기 2k를 대입하지?'라는 생각이 들어요.

나 그건 그러네. 문제를 만든 사람은 어쩐지 수열 $\{b_n\}$과 수열 $\{c_n\}$을 사용해서 유도하고 싶었던 거 같네.

테트라 네? 지금 만든 건 $\{a_n\}$에 대한 식이죠? 그런데 $\{b_n\}$을 사용한다고요?

나 응. 잘 봐. b_n과 c_n은 각각 $b_n = a_{2n-1}$, $c_n = a_{2n}$으로 정의되니까, 간단하게 변환할 수 있지.

테트라 잠깐만 기다려 주세요.

테트라는 여기까지 쓴 노트를 다시 읽었다.

테트라 아, 그렇군요. 수열 $\{a_n\}$의 홀수 번째 수열이 $\{b_n\}$이고, 짝수 번째 수열이 $\{c_n\}$이네요.

- 수열 $\{b_n\}$은 a_1, a_3, a_5, a_7, a_9, …라는 수열.
- 수열 $\{c_n\}$은 a_2, a_4, a_6, a_8, a_{10}, …라는 수열.

나 여기서는 있는 그대로 유도에 따라 계산하면 돼. 계산 실수를 하지 않도록 침착하게 해.

테트라 네, 네.

4-14 유도에 따라 1

나 문제의 유도에 따라 계산해 보자.

$$a_{n+3} = \frac{a_n + a_{n+1}}{a_{n+2}}$$ ②의 식

$$a_{2k+3} = \frac{a_{2k} + a_{2k+1}}{a_{2k+2}}$$ ②의 n에 2k를 대입했다.

$$a_{2(k+2)-1} = \frac{a_{2k} + a_{2k+1}}{a_{2k+2}}$$ $2k + 3 = 2(k+2) - 1$로 변형했다.

$$b_{k+2} = \frac{a_{2k} + a_{2k+1}}{a_{2k+2}}$$ (홀수의 첨자) $a_{2(k+2)-1} = b_{k+2}$를 사용했다.

$$b_{k+2} = \frac{c_k + a_{2k+1}}{a_{2k+2}}$$ (짝수의 첨자) $a_{2k} = c_k$를 사용했다.

$$b_{k+2} = \frac{c_k + a_{2(k+1)-1}}{a_{2k+2}}$$ $2k + 1 = 2(k+1) - 1$로 변형했다.

$$b_{k+2} = \frac{c_k + b_{k+1}}{a_{2k+2}}$$ (짝수의 첨자) $a_{2(k+1)-1} = b_{k+1}$을 사용했다.

$$b_{k+2} = \frac{c_k + b_{k+1}}{a_{2(k+1)}}$$ $2k + 2 = 2(k+1)$로 변형했다.

$$b_{k+2} = \frac{c_k + b_{k+1}}{c_{k+1}}$$ (짝수의 첨자) $a_{2(k+1)} = c_{k+1}$을 사용했다.

테트라 어어… 어렵지 않아요?

나 지금 하고 있는 것은, $a_{홀수}$라는 형태를 만들어서 수열 $\{b_n\}$으로 변환하고, $a_{짝수}$라는 형태를 만들어서 수열 $\{c_n\}$으로

변환하고 있는 것뿐이야. 결국 이걸로 이런 식을 얻은 것이 돼.

$$b_{k+2} = \frac{c_k + b_{k+1}}{c_{k+1}} \qquad \text{얻은 식 1}$$

테트라 그런데, 이런 식으로 하는 건 시험 중에 생각날 것 같지 않아요….

나 아니. 문제를 잘 읽어 봐. 이런 식으로 $b_{k+2} = \cdots$의 형태로 하라고 정확하게 쓰여 있어!

$$b_{k+2} = \frac{c_k + \boxed{마}_{k+1}}{\boxed{바}_{k+1}} \qquad \text{문제에서}$$

테트라 아…!

나 그리고 친절하게 $\boxed{마}_{k+1}$과 $\boxed{바}_{k+1}$같이 첨자 k+1까지 쓰여 있어. 다음은 얻은 식 1과 비교하면 되는 거지.

테트라 비교하면…. 음, $\boxed{마}$는 b고 $\boxed{바}$는 c네요!

나 그렇지.

4-15 유도에 따라 2

나 여기까지 계산한 것과 똑같이 문제를 따라서 c_{k+1}에 대해서 계산하면 [사]랑 [아]를 알 수 있어.

$$a_{n+3} = \frac{a_n + a_{n+1}}{a_{n+2}} \qquad \text{②의 식}$$

$$a_{2k-1+3} = \frac{a_{2k-1} + a_{2k-1+1}}{a_{2k-1+2}} \qquad \text{②의 } n\text{에 } 2k-1\text{을 대입했다.}$$

$$a_{2k+2} = \frac{a_{2k-1} + a_{2k}}{a_{2k+1}} \qquad \text{첨자를 계산했다.}$$

$$a_{2(k+1)} = \frac{a_{2k-1} + a_{2k}}{a_{2(k+1)-1}} \qquad \text{수열을 바꿔놓을 준비를 했다.}$$

$$c_{k+1} = \frac{a_{2k-1} + c_k}{a_{2(k+1)-1}} \qquad \text{첨자가 짝수라면 } \{c_n\}\text{으로 바꿔놓는다.}$$

$$c_{k+1} = \frac{b_k + c_k}{b_{k+1}} \qquad \text{첨자가 홀수라면 } \{b_n\}\text{으로 바꿔놓는다.}$$

테트라 정말 아까랑 비슷하네요. 얻은 식은 이거예요.

$$c_{k+1} = \frac{b_k + c_k}{b_{k+1}} \qquad \text{얻은 식 2}$$

나 또 문제와 비교해 보자.

$$c_{k+1} = \frac{\boxed{사}_k + c_k}{\boxed{아}_{k+1}} \qquad \text{문제에서}$$

테트라 네, $\boxed{사}$는 b고, $\boxed{아}$도 b네요!

나 유도를 잘 따라가면 제대로 정답이 나오지.

테트라 정말이네요….

4-16 유도에 따라 3

테트라 또 문제를 조금씩 읽어요?

나 그렇지. 이제 곧 계산의 단계야.

b_{k+2}는

$$b_{k+2} = \frac{(\boxed{자}_k + \boxed{차}_{k+1})\boxed{카}_{k+1}}{b_k + c_k}$$

로 나타낼 수 있다.

나 이건 2단계의 후반부인 $b_{k+2} = b_{k+1}$을 나타내는 과정의 계산이야.

테트라 선배, 꽤 어렵네요….

나 그렇지만 유도가 우리를 잘 이끌어 주고 있으니, 여기서 어려워할 필요는 없어. 왜냐하면 얻은 식 1과 얻은 식 2를 사용하면 b_{k+2}는 간단하게 구할 수 있으니까.

$$\begin{cases} b_{k+2} = \dfrac{c_k + b_{k+1}}{c_{k+1}} & \text{얻은 식 1} \\[2ex] c_{k+1} = \dfrac{b_k + c_k}{b_{k+1}} & \text{얻은 식 2} \end{cases}$$

테트라 간단…하다고요?

나 얻은 식 1과 얻은 식 2의 연립방정식으로 c_{k+1}을 제거하면 돼. 얻은 식 1의 분모 c_{k+1}에 얻은 식 2를 대입하는 거지. 음, 실제 계산에서는 얻은 식 2의 역수를 사용하지만.

$$
\begin{aligned}
b_{k+2} &= \frac{c_k + b_{k+1}}{c_{k+1}} && \text{얻은 식 1} \\
&= (c_k + b_{k+1}) \cdot \frac{1}{c_{k+1}} && c_{k+1}\text{의 역수를 분리했다.} \\
&= (c_k + b_{k+1}) \cdot \frac{b_{k+1}}{b_k + c_k} && \text{얻은 식 2의 역수를 대입했다.} \\
&= \frac{(c_k + b_{k+1})b_{k+1}}{b_k + c_k} && \text{정리했다.}
\end{aligned}
$$

테트라 하하하…. 이렇게 되었는데요.

$$
b_{k+2} = \frac{(c_k + b_{k+1})b_{k+1}}{b_k + c_k} \qquad \text{얻은 식 3}
$$

나 그리고 문제와 비교해 봐.

$$
b_{k+2} = \frac{(\boxed{\text{자}}_k + \boxed{\text{차}}_{k+1})\boxed{\text{카}}_{k+1}}{b_k + c_k} \qquad \text{문제에서}
$$

테트라 비교하면…. 네, 자는 c고, 차는 b고, 카도 b네요.

나 다음은 증명의 끝이야.

테트라 선배….

나 이제 마지막이니까, 힘내자!

4-17 증명의 마지막

따라서 ⑤에 의해, $b_{k+2} = b_{k+1}$이 성립하므로,

④는 $n = k + 1$일 때도 성립한다.

테트라 ⑤는 뭐였죠? 음….

나 k번째 도미노지! 아까 필요한 곳에서 이 식이 나온다고 했잖아(198쪽). 나왔지!

테트라 정말 나왔네요!

$$b_{k+1} = b_k \qquad \cdots\cdots\cdots\cdots\cdots\ ⑤$$

나 ⑤를 사용하면 얻은 식 3에서 b_k를 지울 수 있어. 이걸로 끝이야!

$$b_{k+2} = \frac{(c_k + b_{k+1})b_{k+1}}{b_k + c_k}$$ 얻은 식 3

$$= \frac{(c_k + b_{k+1})b_{k+1}}{b_{k+1} + c_k}$$ ⑤의 $b_{k+1} = b_k$를 사용했다.

$$= \frac{(b_{k+1} + c_k)b_{k+1}}{b_{k+1} + c_k}$$ 식을 정리했다.

$$= \frac{\cancel{(b_{k+1} + c_k)}b_{k+1}}{\cancel{b_{k+1} + c_k}}$$ $b_{k+1} + c_k$를 약분했다.

$$b_{k+2} = b_{k+1}$$ 얻은 식

테트라 깨끗하게 약분되네요.

나 그렇지. 약분되는 건 물론이고, $b_{k+1} + c_k \neq 0$이기 때문이야. 이걸로 'k번째 도미노가 쓰러진다'면 'k+1번째 도미노도 쓰러진다'는 것이 증명되었어. 왜냐하면, '$b_{k+1} = b_k$'라면 '$b_{k+2} = b_{k+1}$'이 성립한다가 증명되기 때문이야. '2단계' 즉, [Ⅱ]가 증명되었어!

테트라 우와와….

나 마지막은 수학적 귀납법의 결정 문구야.

[Ⅰ], [Ⅱ]에 의해, 모든 자연수 n에 대해서 ④가 성립하는 것이 증명되었다. 따라서 ③이 성립하므로, 수열$\{b_n\}$의 일

반항은 $b_n = 3$이다.

4-18 되짚어 보기

나 계산 부분은 복잡하다고 한다면 복잡하지만, 문제의 유도를 따라 계산한다면 나아갈 수 있지.

테트라 네, 복잡해서 한번에는 알 수 없지만 도미노를 생각해서 확인하면 그럭저럭 알 것 같아요. 단지….

나 단지?

테트라 있잖아요…, 선배. 정말로 친절하게 알려주셔서 고맙습니다. 근데 역시, 어딘가 얼버무리는 느낌이 드는 건 왜일까요? 정말 죄송해요.

나 얼버무린다는 건 무슨 뜻이야?

테트라 제가 의문을 갖고 있던 것은 '자연수는 무수히 많은데 어떻게 증명할까?'예요. 수학적 귀납법은 도미노처럼 되어 있다고 배워서 '그렇구나!'라고 생각했는데…. 제 의문은 아무래도 아직 풀리지 않은 것 같아요.

나 그렇구나.

미르카 뭐가 풀리지 않았다고?

테트라 아, 미르카 선배!

미르카는 나와 같은 반 친구. 수학에 재능이 있는 재원이다. 그녀는 테트라의 의문에 조용히 귀를 기울였다.

미르카 흐음. 테트라는 '무한을 유한으로 증명하면 되는지'를 신경 쓰고 있는 듯하네.

테트라 모, 모르겠어요. 하지만, 무한이라는 것이 걸리는 건 사실이에요.

나 무한 말이지….

테트라 무한은 어려워요.

미르카 정말 무한은 어려워. 수학에 있어서 무한을 어떻게 취급할지는 큰 문제야. 원래부터 수학적 귀납법에도 '무한'이라는 말은 나오지 않아. '무수'라는 말도 나오지 않아.

테트라 아.

나 그건 그러네.

미르카 수학적 귀납법에서는 '무한'이나 '무수'라는 말을 신중하게 피하고 있어. 예를 들면 '어떤 자연수 n에 대해서도

…가 증명된다'는 표현을 사용하지.

나 그렇지, 그렇지. 정말이네.

미르카 수학적 귀납법은 무한을 사용해서 무한에 대한 증명을 보여 주는 게 아니야. 수학적 귀납법은 무한의 반복에 빠지지 않도록 주의해서 증명을 보여줘. 그건 논리의 힘이야.

테트라 논리의 힘….

나 단지 '2가지 단계'로 무한에 대응하고 있는 거지, 미르카?

미르카 그렇지.

미르카는 딱 하고 손가락으로 소리를 낸다.

미르카 자연수에 관한 증명에서는 수학적 귀납법이 본질적으로 중요해.

테트라 네?

미르카 자연수를 정의할 때도 수학적 귀납법과 같은 방법을 사용하니까. 페아노 공리로.

미즈타니 선생님 하교 시간이에요.

사서인 미즈타니 선생님의 목소리로 수학 토크는 일단 스톱. 입학시험 문제를 통해 나는 테트라에게 수학적 귀납법을 설명했다. 설명을 하는 동안 '2가지 단계'와 도미노로 내 자신의 생각도 정리했다. 무한의 반복을 회피하고 겨우 '2가지 단계'로 무한을 파악하는 증명의 방법, 수학적 귀납법에 대해서.

"최초의 한 발짝을 내딛을 수만 있다면"

제4장의 문제

●●● 문제 4-1 (점화식)

수열 $\{F_n\}$이 다음의 점화식으로 정의될 때, 처음 10항 (F_1, F_2, F_3, $\cdots$, F_{10})을 구하시오.

$$\begin{cases} F_1 = 1 \\ F_2 = 1 \\ F_n = F_{n-1} + F_{n-2} \quad (n = 3, 4, 5, \cdots) \end{cases}$$

(해답은 288쪽에)

●●● 문제 4-2 (일반항)

수열 $\{a_n\}$의 처음 10항이 다음의 표로 주어져 있을 때, 일반항 a_n을 추측하고, n을 사용해서 나타내시오.

n	1	2	3	4	5	6	7	8	9	10	$\cdots$
a_n	−1	3	−5	7	−9	11	−13	15	−17	19	$\cdots$

(해답은 290쪽에)

●●● 문제 4-3 (수학적 귀납법)

어떤 정의 정수 $n=1, 2, 3, \cdots$에 대해서도 다음의 식이 성립하는 것을 수학적 귀납법으로 증명하시오.

$$1 + 2 + 3 + \cdots + n = \frac{n(n+1)}{2}$$

(해답은 291쪽에)

●●● 문제 4-4 (수학적 귀납법)

어떤 정의 정수 $n=1, 2, 3, \cdots$에 대해서도 다음의 식이 성립하는 것을 수학적 귀납법으로 증명하시오.

$$F_1 + F_2 + F_3 + \cdots + F_n = F_{n+2} - 1$$

다만, 수열 $\{F_n\}$은 문제 4-1에서 정의한 것이다.

(해답은 293쪽에)

제5장

빙글빙글 원을 만드는 법

"본 적이 없는 것을 어떻게 만들면 좋을까?"

5-1 내 방에서

유리 있잖아…, 오빠야! 눈 감아 봐!

나 뭐라고?

유리 누우은감아아 봐!

나 알아들을 수 있게 부탁합니다.

유리 됐으니까, 눈을 감아라…!

나 네, 네.

5-2 시계 퍼즐

유리 짜잔…! 눈 떠도 돼.

내가 눈을 뜨자 이런 물건이 책상에 올려져 있다.

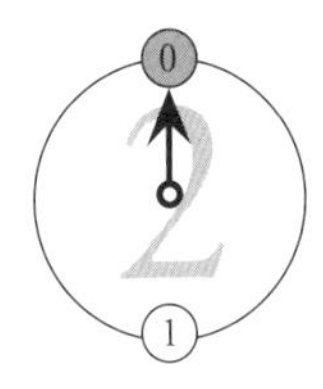

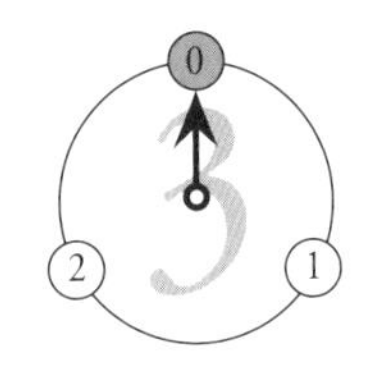

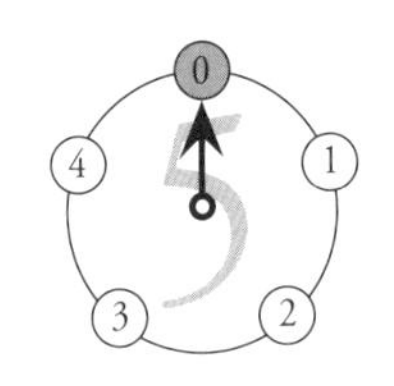

나 이 이상한 기계는 뭐야?

유리 시계 퍼즐이야….

나 시계 퍼즐?

유리 그래. 잘 봐. 시계 3개가 줄지어 있잖아.

나는 줄지어 있는 3개의 시계를 순서대로 관찰한다.

나 시계라고 했지만 바늘이 하나고 숫자도 부족한데.

유리 그래서 퍼즐이라는 거야. 왼쪽 시계는 '2의 시계'양.

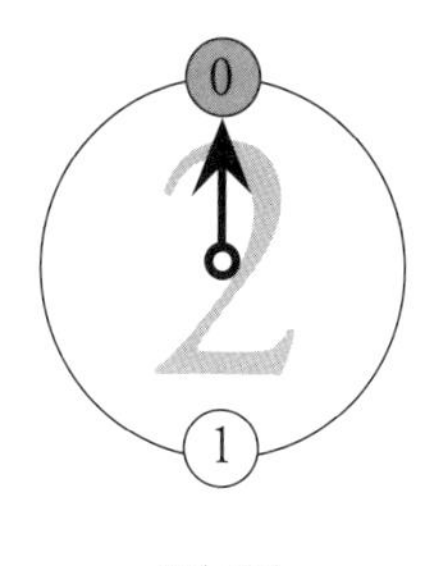

2의 시계

나 가운데 시계는 문자판에 숫자가 3개 있어.

유리 그렇지. 이건 '3의 시계'야.

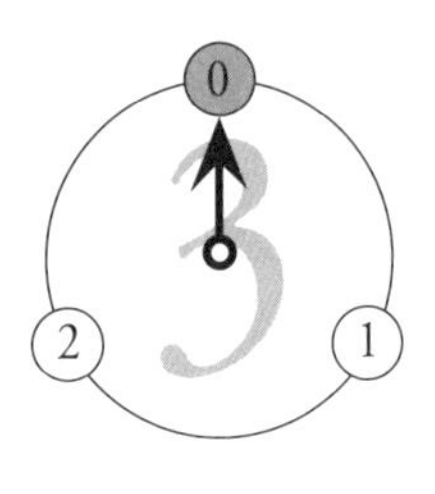

3의 시계

나 오른쪽 시계는 숫자가 5개. 이건 '5의 시계'인가?

유리 히히히, 재미있지?

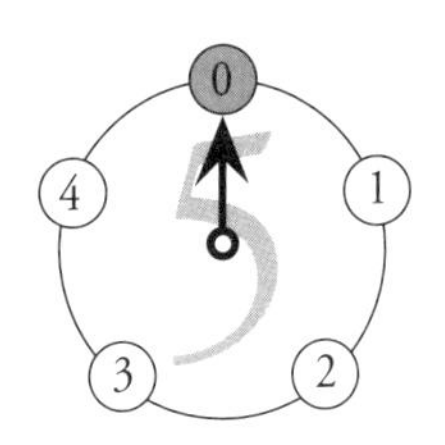

5의 시계

5-3 시계 퍼즐을 움직인다

나 그런데 이 시계는 어떻게 보는 거야? 게다가 멈춰 있어.

유리 있잖아, 이건 시간이 아니라 숫자를 알려 주는 시계야.

나 오호?

유리 잘 봐, 여기에 버튼이 2개 있잖앙?

나 있네. 리셋이랑 카운트라고 쓰여 있어.

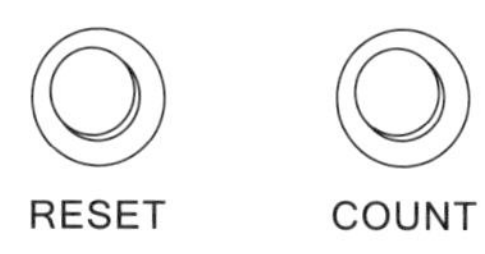

리셋 버튼과 카운트 버튼

유리 리셋 버튼을 '딱'하고 누르면 3개의 시곗바늘이 이런 식으로 전부 0으로 돌아가. 시계 퍼즐은 여기서부터 시작이야. 음, 패턴000이다냐옹.

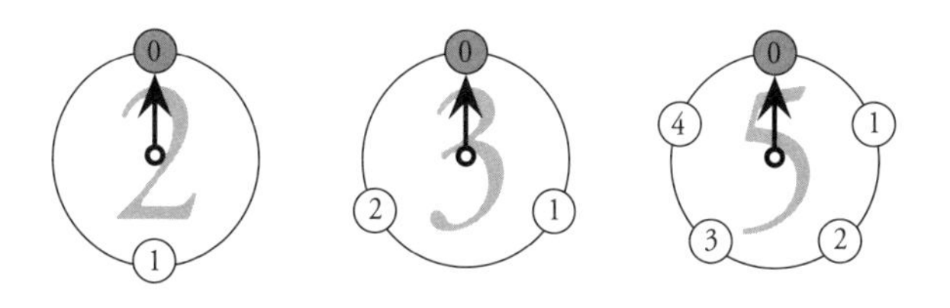

리셋 버튼을 누르면 전부 0으로 돌아간다(패턴000).

나 응, 알겠어. 그래서?

유리는 열심히 시계 퍼즐을 설명하고 있다. 언제나 금방 '귀찮아!'라고 외치는 주제에 이럴 때는 의외로 끈기 있게 달라붙는다.

유리 이렇게 카운트 버튼을 한 번 딱 누르면, 이거 봐. 바늘이 1씩 움직였어….

나 정말이네. 3개의 시곗바늘이 전부 1씩 움직였네.

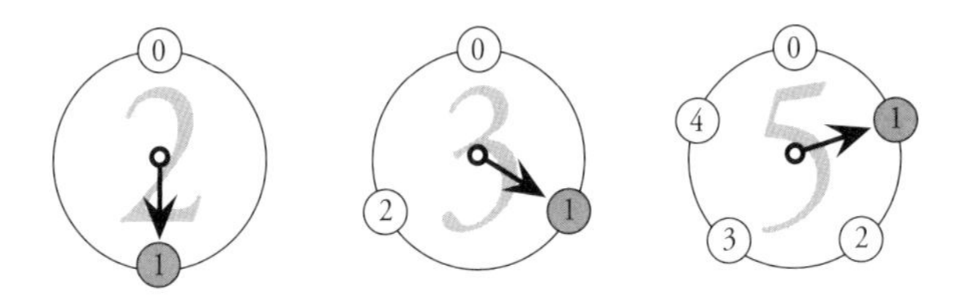

카운트 버튼을 1회 누르면
3개의 시곗바늘이 전부 1씩 나아간다(패턴111).

유리 잘 봐, 오빠야. 잘 보지 않으면 안 돼.

오늘 유리는 조금 선생님 같은 말투를 쓴다. 선생님 같다고 할까…. 평소 내가 쓰는 말투 같이.

나 네, 네. 보고 있어요, 유리 선생님.

유리 바늘이 어떤 식으로 움직였는지 알겠어?

나 응. 3개의 시곗바늘이 전부 1씩 움직여서 1에 맞춰져 패턴111이 되었어.

유리 카운트 버튼을 다시 한 번 누르면 어떻게 될 거 같아?

나 물론, 전부 1씩 움직이겠지.

유리 해 봐…! '딱!'

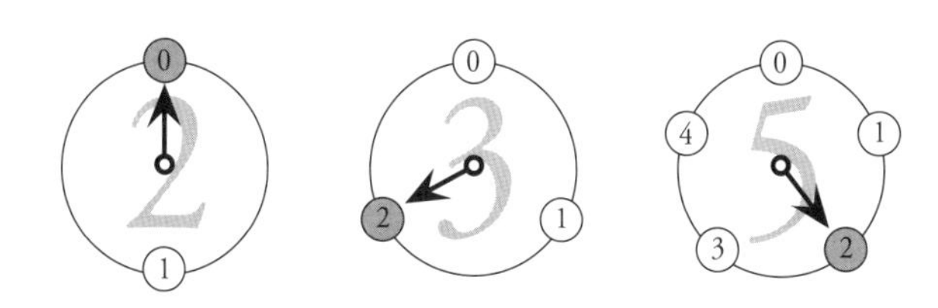

카운트 버튼을 2회 누른 상태(패턴022)

나 정말이네. 말한 그대로 전부 1씩 움직였어. 패턴022.

유리 알겠어? '2의 시계'의 바늘이 0으로 돌아왔지? 그러니까, 바늘이 움직여도 수가 커진다고만은 할 수 없다는 게 중요한 포인트야. 자, 이거 시험에 나옵니다.

나 무슨 말을 하는 거야, 선생님처럼.

유리 헤헤….

나 있잖아 유리야, 오빠한테도 빌려주면 좋겠는데.

유리 알겠엉.

나는 카운트 버튼을 '딱'하고 누른다. 바늘이 또 1씩 움직였다. '2의 시계'의 바늘은 1이 되고 '3의 시계'의 바늘은 0으로, '5의 시계'의 바늘은 3이 되었다. 패턴103이다.

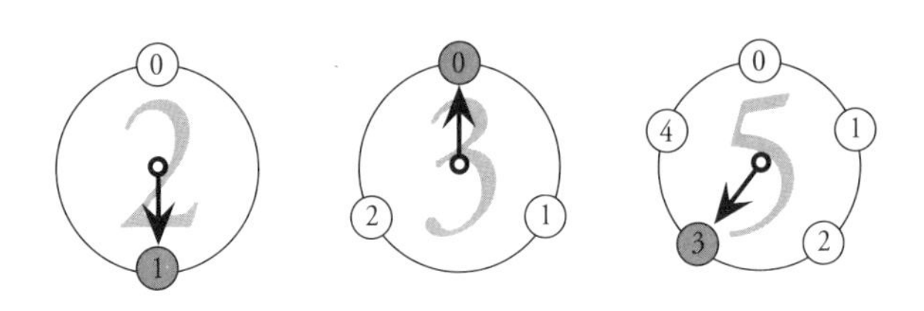

카운트 버튼을 3회 누른 상태(패턴103)

나 꽤 재미있는데. 3의 시계가 0이 되었어.

유리 그렇지. 한 바퀴 돌아왔어.

또 나는 카운트 버튼을 눌렀다. 패턴014이다.

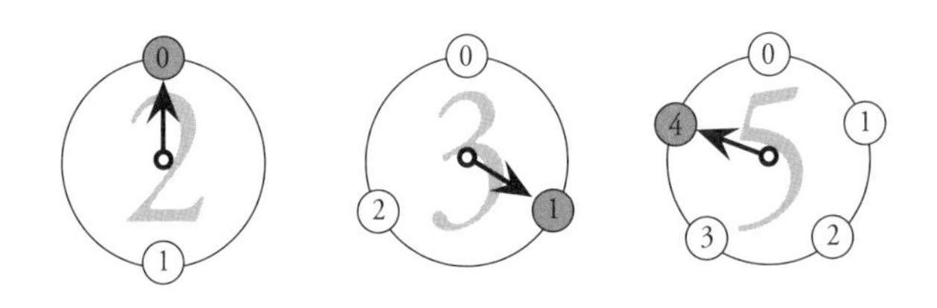

카운트 버튼을 4회 누른 상태(패턴014)

나 여기서 다시 한 번 더 누르면 '5의 시계'가 0이 되겠네. '딱'.

유리 다시 돌아왔네.

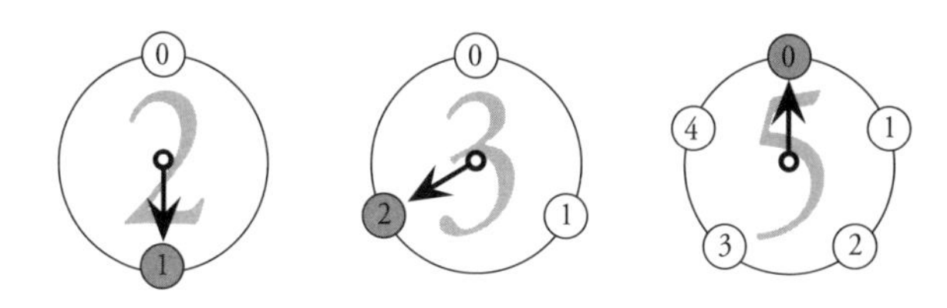

카운트 버튼을 5회 누른 상태(패턴120)

나는 버튼을 '딱'하고 누른다. 바늘이 또 1씩 움직였다.

나 흠. 이번에는 왼쪽의 시계 2개가 0을 가리켰네. 음….

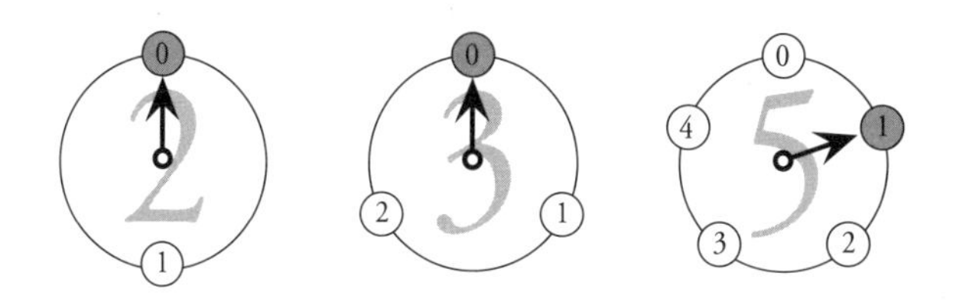

카운트 버튼을 6회 누른 상태(패턴001)

유리 됐어! 오빠야, 거기서 스톱….

나 왜?

유리 오빠야, 여기까지 몇 번 눌렀는지 기억하고 있어?

나 여섯 번. 숫자로 알 수 있어.

5-4 시계 퍼즐 문제

유리 네, 그럼 여기서 시계 퍼즐 문제입니다.

시계 퍼즐 문제

리셋 버튼을 누르면 패턴000이 된다.

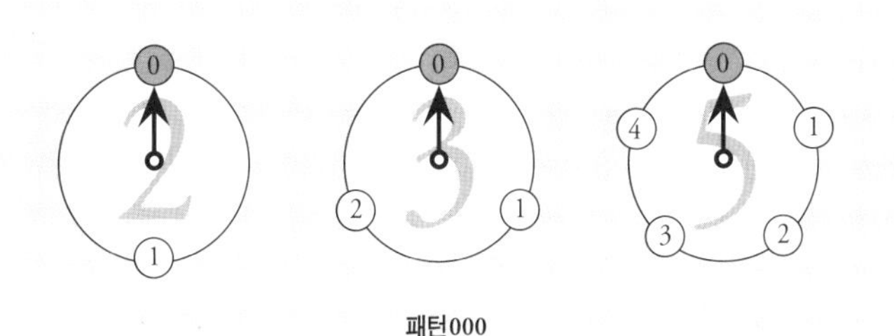

패턴000

카운트 버튼을 누를 때마다 3개의 시계 모두 1씩 움직인다. 카운트 버튼을 몇 번 누르면 패턴024가 될까?

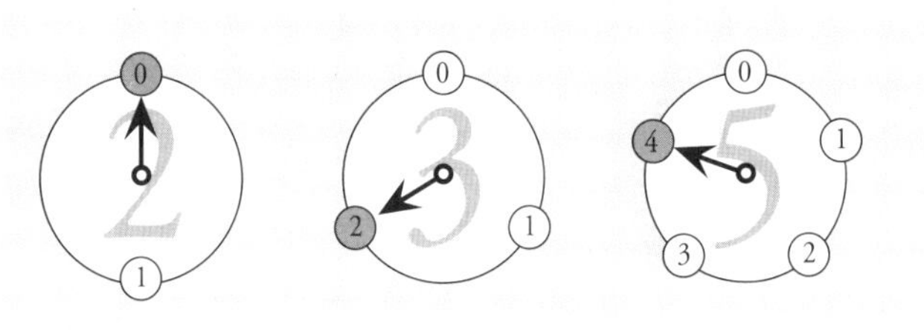

몇 번 누르면 패턴024가 될까?

나 역시. 딱 봐선 알 수가 없네.

유리 카운트 버튼을 실제로 누르지 않아도 알겠냐옹?

유리는 히쭉히쭉거리며 내 얼굴을 본다.

나는 유리가 이런 식으로 문제를 내는 것이 오랜만이라고 생각했다.

나 응, 시험 삼아 눌러보면 금방 알 수 있어.

유리 안 돼, 안 돼! 누르지 말고 생각해….

5-5 순서를 정해 생각한다. '2의 시계'

나 그럼 순서를 정해 생각해 보자. 먼저 여기에 3개의 시계가 있어.

유리 그렇지.

나 맨 왼쪽에 있는 '2의 시계'에 주목해 보자. 이 2의 시계는 카운트 버튼을 누를 때마다 0과 1을 번갈아 왔다 갔다 해.

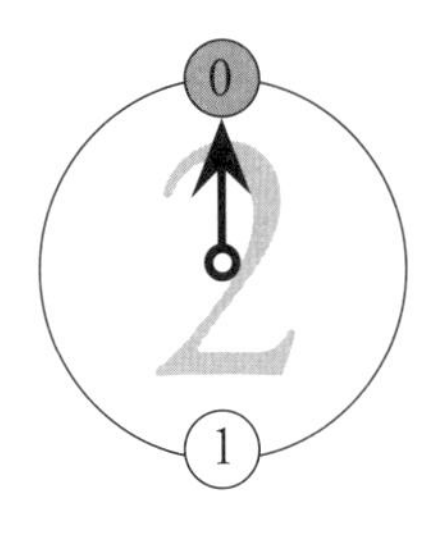

2의 시계

유리 응.

나 패턴024라면, '2의 시계'는 0을 가리켜야 해. 그렇다는 건 카운트 버튼을 누르는 횟수가 '짝수 회'라는 걸 알 수 있어!

- 패턴0̲24에서 '2의 시계'는 0̲이므로, 카운트 버튼을 누르는 횟수는 '짝수'이다.

유리 호호…, 역시 고등학생이야.

나 장난치지마…. 지금은 '2의 시계'를 생각했어. 똑같이 다른 시계도 보자. 순서를 정해 생각하는 거야.

유리 흠흠.

5-6 순서를 정해 생각한다. '3의 시계'

나 3의 시계는 카운트 버튼을 누를 때마다 0 → 1 → 2 → 0 → 1 → 2 → …를 반복해.

유리 응.

나 패턴024라면 '3의 시계'는 2를 가리켜야 해. 그렇다는 건 카운트 버튼을 누르는 횟수는 '3으로 나누어 2가 남는 수'라는 걸 알 수 있지!

유리 하야옹? 3으로 나누어 2가 남는다는 게 무슨 의미야?

나 말 그대로야. 3으로 나누었을 때 나머지라는 건 '3의 시계'의 바늘과 완전히 똑같이 0 → 1 → 2 → 0 → 1 → 2 → …를 반복하지.

- 카운트 버튼을 0회 누르면, 3의 시계는 0을 가리킨다.
- 카운트 버튼을 1회 누르면, 3의 시계는 1을 가리킨다.
- 카운트 버튼을 2회 누르면, 3의 시계는 2를 가리킨다.
- 카운트 버튼을 3회 누르면, 3의 시계는 0을 가리킨다.
- 카운트 버튼을 4회 누르면, 3의 시계는 1을 가리킨다.
- 카운트 버튼을 5회 누르면, 3의 시계는 2를 가리킨다.

⋮

유리 ….

나 그러니까, 누르는 횟수를 3으로 나눈 나머지는 '3의 시계'가 가리키는 수가 된다는 거야.

유리 음, 오빠야…. 그걸… 외우고 있어? 왜 나머지 같은 게 갑자기 나오는 거야?

나 음, 외우고 있다고 하면 외우고 있는 거지. 시계나 달력에서 '빙글빙글 도는 반복'이 나올 때, '나머지'가 관련되는 건 흔한 일이야.

유리 그건 그러네….

나 이렇게 생각해도 돼. '3의 시계'는 3회 누를 때마다 0으로 돌아오지. 그렇다는 건 3회, 6회, 9회, 12회…. 즉, 3의 배수만큼 카운트 버튼을 누른 것은 '없었던 것'이 되어 버리지. 다음은 아래 3가지 중에서 어느 것인지가 되는 거지.

'3의 배수 + 0'회 누른다. …… 3의 시계는 0을 가리킨다.
'3의 배수 + 1'회 누른다. …… 3의 시계는 1을 가리킨다.
'3의 배수 + 2'회 누른다. …… 3의 시계는 2를 가리킨다.

유리 아, 그러네.

나 패턴024에서 '3의 시계'는 2를 가리키고 있으니까, 누르는 횟수는 3으로 나누었을 때 2가 남는 수라는 것을 알 수 있지.

유리 그건 좋은데…, 그것만으로는 버튼을 몇 회 눌렀는지는 알 수 없잖앙!

나 응. 그렇지만, 잘 봐. 힌트가 늘었어.

- 패턴024에서는 '2의 시계'가 0이므로,
  누르는 횟수는 '짝수'이다.
- 패턴024에서는 '3의 시계'가 2이므로,
  누르는 횟수는 '3으로 나눈 나머지가 2'인 수이다.

나 짝수는 '2로 나눈 나머지가 0인 수'라고 말할 수 있어.

- 패턴024에서는 '2의 시계'가 0이므로,
  누르는 횟수는 '2로 나눈 나머지가 0인 수'이다.
- 패턴024에서는 '3의 시계'가 2이므로,
  누르는 횟수는 '3으로 나눈 나머지가 2인 수'이다.

유리 오…호….

나 순서를 정해 생각하는 건 이런 거야. 3개의 시계가 있으니까, 알 수 있는 것을 하나씩 알아 보는 거지.

유리 오…, 꽤 하는데.

5-7 순서를 정해 생각한다. '5의 시계'

나 '5의 시계'도 같이 생각해 보자. 패턴024를 보면 '5의 시계'가 4를 가리키니까…, 이걸로 힌트가 3개가 되었어.

- 패턴024에서는 '2의 시계'가 0이므로, 누르는 횟수는 '2로 나눈 나머지가 0인 수'이다.
- 패턴024에서는 '3의 시계'가 2이므로, 누르는 횟수는 '3으로 나눈 나머지가 2인 수'이다.
- 패턴024에서는 '5의 시계'가 4이므로, 누르는 횟수는 '5로 나눈 나머지가 4인 수'이다.

유리 으음…. 그래서, 그래서?

5-8 5로 나눈 나머지가 4인 수

나 우리는 지금 카운트 버튼을 누르는 횟수를 구하려는 거야. 그런데 5로 나눈 나머지가 4인 수는 금방 알 수 있어. 4인지, 9인지, 14인지, 19인지…. 즉, 카운트 버튼을 누르는 횟수는 이 중에서 하나야.

$$4,\quad 9,\quad 14,\quad 19\ \cdots.$$

유리 어, 어떻게 그렇게 금방 생각해 낼 수 있어?

나 왜냐하면, 먼저 4는 당연하지. 4를 5로 나누면 몫은 0이고 나머지는 4야.

$$4 \div 5 = 0 \cdots 4$$

유리 응.

나 다음은 5를 점점 더해 가면 돼. 5를 계속 더해도 5로 나눈 나머지는 변하지 않으니까.

유리 그렇…구만. 그러니까 4와, $4 + 5 = 9$ 랑, $9 + 5 = 14$ 랑,

14 + 5 = 19랑….

나 그렇지. 카운트 버튼을 누르는 횟수는 4, 9, 14, 19, … 중에서 어느 것인가지. 그렇지만 '2의 시계'의 힌트에서 누르는 횟수는 짝수였어. 그렇다는 건 누르는 횟수가 4인가, 14인가…. 아니면 더 큰 것이 되지.

유리 그래!

나 게다가 '3의 시계'의 힌트를 사용해서 '3으로 나눈 나머지'가 2가 되는지를 알아보면 돼.

- 누르는 횟수가 4라면, 3으로 나눈 나머지는 1이다.
  나머지는 2가 아니다….
- 누르는 횟수가 14라면, 3으로 나눈 나머지는 2이다.
  오, 이걸로 발견했다!

유리 오오…!

나 답은 14네! 검산해보자.

- 14는 '2로 나누면 나머지는 0'이다. OK!
- 14는 '3으로 나누면 나머지는 2'이다. OK!
- 14는 '5로 나누면 나머지는 4'이다. OK!

유리 그렇게 생각하지 않으면 안 되는 건가…?

나 아니, 아니! 이렇게 생각하지 않으면 안 된다는 건 아니야!

유리 와…, 놀랐어. 왜 갑자기?

나 이렇게 생각하지 않으면 안 된다고 자신의 생각을 가두면 안 돼, 유리야. 해결하는 방법이 하나라고 단정 지을 수 없어. 지금 얘기한 건 오빠 생각이야. 순서를 정해 생각한다. 나머지에 주목한다…. 자, 유리라면 어떻게 생각하겠어?

유리 카운트 버튼을 딱딱 누를까냐옹….

나 윽, 결국 누르는 거야!

유리 그렇지만, 눌러도 되는 거잖아? 생각을 가두지 말라며.

나 그렇지, 실제로 시험해 보는 건 좋은 방법이야.

시계 퍼즐의 해답 (?)

카운트 버튼을 14회 누르면 패턴024가 된다.

5-9 빙글 돌아오다

유리 어! 그 해답, 다른데!

나 뭐가 달라?

유리 패턴024가 되는 거, 14만이 아니야!

나 ?

유리 왜냐하면…, 카운트 버튼을 딱딱 눌러보니, 한 번 빙글 돌아서 목적의 패턴024가 될지도 모르잖아.

나 아, 그건 그러네. 그렇게 말할 수도 있겠다.

유리 종이에 써서 생각해도, 좋…아.

나 자, 써서 생각해 보자. 패턴024가 나올 때까지 누르는 횟수를 N이라고 정해.

유리 나왔네. 'N이라고 정한다.'

나 그렇지. '패턴024가 나올 때까지 누르는 횟수'라고 하나하나 말하기보다 N이라는 문자를 사용하는 편이 쉬우니까.

- N은 '2로 나누면 나머지는 0'(짝수)이다.
- N은 '3으로 나누면 나머지는 2'이다.
- N은 '5로 나누면 나머지는 4'이다.

유리 먼저 '5로 나누면 나머지는 4'이다부터 생각해?

나 그래. 그렇게 하자. '5로 나누면 나머지는 4'는….

4, 9, 14, 19, 24, 29, 34, 39, 44, 49, 54, 59, 64, …

유리 아, 어쩜 4랑, 9밖에 없어!

나 그렇지. 여기서 짝수만 선택하면….

4, 14, 24, 34, 44, 54, 64, …

유리 아, 4만 남았네.

나 1의 자리가 짝수인 것만 선택했으니까.

유리 그건… 그렇지.

나 그리고 '3으로 나누면 나머지는 2'라는 수와 맞춰보자. 1의 자리가 4인 수는….

2, 5, 8, 11, 14 ← 발견!, 17, 20, 23, 26, 29, 32, 35, 38, 41, 44 ← 발견!, 47, 50, …

유리 봐…, 14보다 큰 게 있었지? 14만이 아니고 44도 있잖앙.

더 큰 수도 분명히 있을 거야.

나 윽, 다 쓰지 않아서 다행이다.

유리 헤, 왜?

나 14에 30을 더하면 돼. 왜 눈치채지 못했지. 음, 정답은 이거네. '패턴024가 나올 때까지 카운트 버튼을 누르는 횟수'는….

시계 퍼즐의 해답

패턴024가 나올 때까지 카운트 버튼을 누르는 횟수는 최소 14회이다.

일반적으로,

$$14,\ 44,\ 74,\ 104,\ 134,\ 164,\ \cdots$$

라는 30의 배수에 14를 더한 수만큼 누르면 패턴024가 나온다.

식으로 표현하면,

$$30n + 14 \quad (n = 0,\ 1,\ 2,\ 3,\ \cdots)$$

이다.

유리 어? 30이란 수는 뭐야? 어디서 나온 거야?

나 있잖아, 유리야. 이 3개의 시계는 버튼을 30회 누를 때마다 처음의 상태로 빙글 하고 돌아가. 30은 2랑 3이랑 5를 모두 곱한 수야!

$$2 \times 3 \times 5 = 30$$

유리 왜 곱하는 거야?

나 그렇지 않겠어?

- '2의 시계'는 2회 누를 때마다 0으로 돌아온다.
  즉 '2의 배수'일 때가 0이다.
- '3의 시계'는 3회 누를 때마다 0으로 돌아온다.
  즉 '3의 배수'일 때가 0이다.
- '5의 시계'는 5회 누를 때마다 0으로 돌아온다.
  즉 '5의 배수'일 때가 0이다.

유리 그래서?

나 즉, 2의 배수이며, 3의 배수이며, 5의 배수인 수라면 모든 시계가 빙글 돌아서 0이 돼.

유리 아!

나 그렇지. 지금 말한 '2의 배수이며, 3의 배수이며, 5의 배수인 수'라는 건 2와 3과 5의 공배수야. 2 × 3 × 5에서 제일 작은 공배수, 즉 최소공배수를 구한 거야. 그게 30이지.

유리 호호! 최소공배수란 건 전부 곱하면 되는 거였지?

나 아니, 전부 곱해서 최소공배수가 된다고만은 할 수 없어. 공배수는 되지만.

유리 그렇지.

나 그렇지만 잘 봐. 2와 3과 5는 모두 소수야. 이럴 땐 전부 곱하는 것만으로도 최소공배수가 돼.

5-10 표로 생각한다

유리 있잖아 오빠야, 좀 생각했는데….

나 응?

유리 오빠야의 방법으로 패턴024를 만드는 데 누르는 횟수는 알았지만, 더 '확실하게' 알 수 없을까? 오빠야의 방법으로는 뭔가 귀찮아!

나 오, 유리의 '귀찮아!'가 나왔다.

유리 응?

나 아니, 아니야. 확실히 알 수 있는 방법으로 표로 생각하는 것은 어떨까?

유리 표로 생각한다고?

나 그래. 이런 식으로 표로 나타내면 돼. 그럼 14가 답이라는 것도 한 번에 알 수 있어. 다음은 30을 더해 가면 돼.

카운트 버튼을 누르는 횟수와 패턴의 일람표

누르는 횟수	2의 시계	3의 시계	5의 시계
0	0	0	0
1	1	1	1
2	0	2	2
3	1	0	3
4	0	1	4
5	1	2	0
6	0	0	1
7	1	1	2
8	0	2	3
9	1	0	4
10	0	1	0
11	1	2	1
12	0	0	2
13	1	1	3
⇒ 14	0	2	4
15	1	0	0
16	0	1	1
17	1	2	2
18	0	0	3
19	1	1	4
20	0	2	0
21	1	0	1
22	0	1	2
23	1	2	3
24	0	0	4
25	1	1	0
26	0	2	1
27	1	0	2
28	0	1	3
29	1	2	4
30	0	0	0

유리 우왓, 이런 걸 만들어. 그거야 말로 귀찮잖아…! 근데 정말 한 번에 알 수는 있네.

나 바늘이 0으로 돌아오는 곳에 선을 그으면 알기 쉽겠네.

카운트 버튼을 누르는 횟수와 패턴의 일람표 (선을 그었다)

누르는 횟수	2의 시계	3의 시계	5의 시계
0	0	0	0
1	1	1	1
2	0	2	2
3	1	0	3
4	0	1	4
5	1	2	0
6	0	0	1
7	1	1	2
8	0	2	3
9	1	0	4
10	0	1	0
11	1	2	1
12	0	0	2
13	1	1	3
14	0	2	4
15	1	0	0
16	0	1	1
17	1	2	2
18	0	0	3
19	1	1	4
20	0	2	0
21	1	0	1
22	0	1	2
23	1	2	3
24	0	0	4
25	1	1	0
26	0	2	1
27	1	0	2
28	0	1	3
29	1	2	4
30	0	0	0

유리 오호….

나 이런 식으로 선을 그으면, 3개의 시계가 0으로 돌아오는 것이 조금씩 늦어지는 모습이나 30에서 전부 0으로 돌아오는 모습을 잘 알 수 있어.

유리 그러네…!

나 이 표를 보면 30회 누를 때와 0회 누르는 것이 같은 패턴인 것을 알 수 있어. 30회 누르면 패턴000으로 빙글 하고 돌아오니까.

유리 표도 좋…지만, 이 시계의 퍼즐을 좀 더 '딱!' 하고 풀고 싶은데.

나 유리가 말하는 딱 이라는 건 어떤 방법이야?

유리 음…, 있잖아. 뒤죽박죽하지 않으면서 계산은 조금만 해도 되는 방법 말이야!

나 요구하는 것도 많네.

나는 다른 계산 방법은 없는지 잠시 생각한다. 하지만 그다지 좋은 생각이 떠오르지 않는다. 일단 표가 만들어지면 어떠한 패턴이라도 카운트 버튼을 몇 번 누르면 만들어지는지 알 수 있기 때문이다.

유리 아직이야?

나 응….

유리 시계가 1개라면 간단한데냐옹….

나 그건 그렇지. 어라?

유리 왜?

나 그거 좋은 생각이야! 시계를 1개로 해서 1을 만들면 돼!

유리 오빠야, 알아듣게 부탁드립니다!

시계 퍼즐 문제 (다시)

리셋 버튼을 누르면 패턴000이 된다.

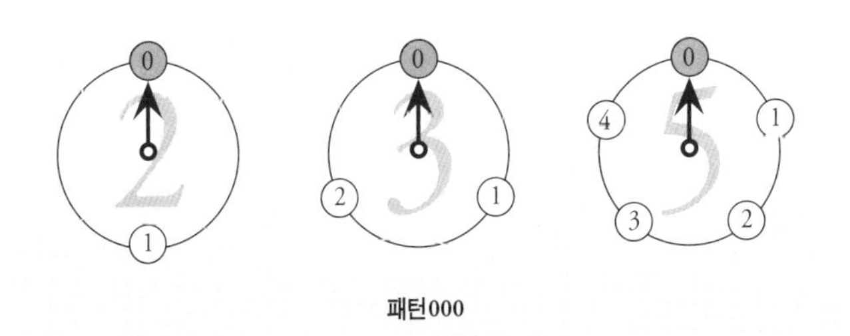

패턴000

카운트 버튼을 누를 때마다 3개의 시계 모두가 1씩 움직인다. 카운트 버튼을 몇 번 누르면 패턴024가 될까?

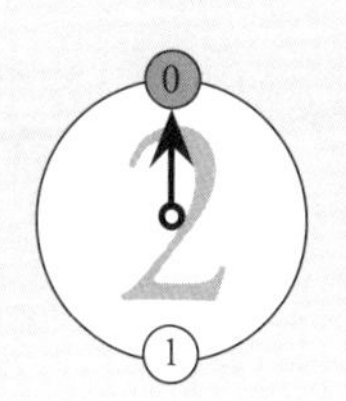

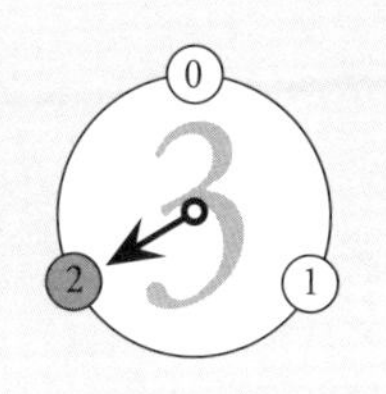

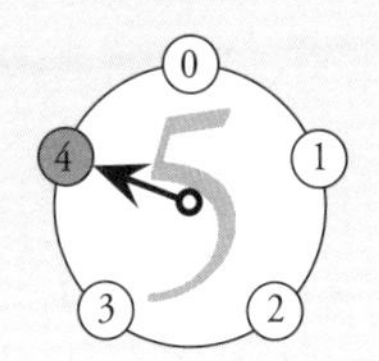

몇 번 누르면 패턴024가 될까?

5-11 이렇게 하면 좋을 텐데

유리 1을 만든다는 건 무슨 말이야?

나 자, 차근차근 설명해 줄게 유리야. 유리가 가져 온 이 시계 퍼즐은 왜 복잡할까?

유리 3개의 시계가 빙빙 돌고 있으니까?

나 그렇지. 그러니까 '시계가 1개'라면 이야기는 간단해.

유리 그게….

나 예를 들어 '5의 시계' 1개만 있다고 해보자. 그러면 간단해. 바늘이 4에 오려면 버튼을 4회 누르면 돼.

유리 그건, 그렇…지만….

나 그리고 4회 누른 후에 5의 배수를 추가해도 바늘은 움직이지 않아. '5의 시계'의 바늘이 4를 가리킬 때 다시 5회를 눌러도, 10회를 눌러도, 15회를 눌러도 바늘은 4를 가리켜.

유리 그건, 5회 누르면 빙글 돌아오기 때문이지?

나 그렇지, 그렇지. 5회 누를 때마다 '5의 시계'는 빙글 하고 돌아와.

유리 그렇지만…, 시계는 3개니까 '시계가 1개라면 이야기는 간단해'라고 말해 봤자 어쩔 수 없잖아.

유리는 팔짱을 끼고, 흥 하며 콧김을 뿜었다.

나 응, 그건 그렇지만 '이렇게 하면 좋을 텐데'라고 원하는 것은 정말 좋은 거야.

유리 왜?

나 그게 문제를 푸는 '단서'가 되니까. 생각을 뻗어가는 방향이 조금 보이게 되는 거야. 추리소설이랑 같지. 단서를 확실하게 잡고….

유리 추리소설도 좋…지만, 3개의 시계를 1개로 만드는 방법

같은 건 없잖아?

나 있어. 3개의 시계를 1개로 만드는 방법이!

유리 정말?

5-12 3개의 시계를 1개로 만드는 방법

나 잘 봐. 오빠가 카운트 버튼을 누르고 있었더니 유리가 스톱을 외쳤잖아. 딱 6회 눌렀을 때야.

유리 응.

나 리셋 버튼을 누르면 패턴000이 돼. 거기서부터 시작해서 카운트 버튼을 6회 누르면 패턴001이 돼.

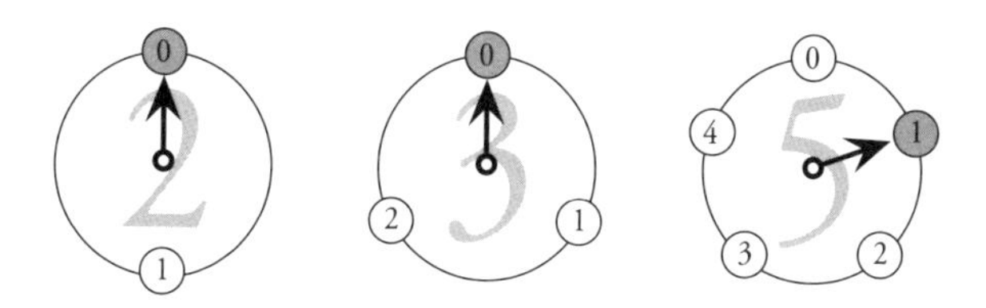

패턴000에서 카운트 버튼을 6회 누르면 패턴001이 된다.

유리 그렇지….

나 패턴001이면 '2의 시계'와 '3의 시계'는 모두 0이 되니까 '5의 시계'만 1이 되는 거지.

유리 그게 어쨌다고?

나 우리는 '2의 시계'도 '3의 시계'도 빙글빙글 돌아서 0으로 돌아온 것을 알고 있지만, 그 빙글빙글 도는 것을 일부러 보지 않은 것처럼 하자.

유리 보지 않은 것처럼?

나 그래. 그리고 다시 패턴001을 보면 마치 '2의 시계'와 '3의 시계'는 멈춰 있고 '5의 시계'라는 1개의 시계만 1만큼 움직인 거 같이 보이지 않아?

유리 맞아, 정말 그렇게 보여! 그렇지만….

나 그렇지. '시계를 1개로 해서 1을 만들면 된다'고 말한 건 패턴001이 번뜩 떠올랐기 때문이야.

유리 오빠야, 유리는 모르겠어.

나 다시 말하면 이거야. '카운트 버튼을 6회 누르면 '5의 시계'만 1 움직인다.'

유리 그건 알고 있어! 그래서 뭐라는 거야?

나 패턴001에서 다시 6회를 누르면 패턴002가 되지?

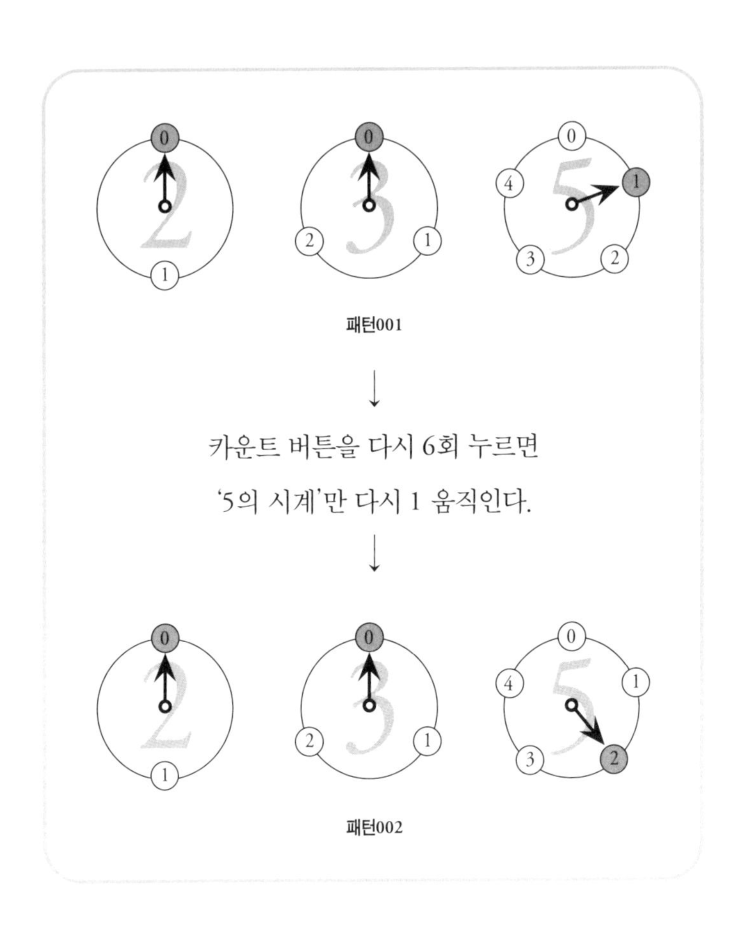

유리 앗, 6회씩 누를 때마다 '5의 시계'만 1씩 움직인다는 건가!

나 그래, 바로 그거야. 6회씩 누를 때마다 '5의 시계'만 1씩 움직여. 다른 시계는 전혀 움직이지 않는다고 해도 돼. '6

회씩 합쳐서 누르는 것'을 몇 번 반복하면, 다른 시계를 전혀 움직이게 하지 않고 '5의 시계'를 원하는 수까지 움직이게 할 수 있어!

유리 응, 그렇지!

나 '6회씩 합쳐서 누르는 것'을 하나로 생각하면, 시계가 1개밖에 없는 것과 같은 거야. 왜냐하면 '5의 시계'만 움직이니까. 시계를 1개로 만드는 방법이 있었지?

유리 그렇군…. 설마, 오빠야!

나 유리야, 눈치챘어?

유리 3개의 시계를 1개씩 합칠 생각이야?

나 정답!

유리 역…시!

나 그래, 유리야. 이건 꽤 괜찮은 아이디어지? 시계 퍼즐이 복잡한 것은 카운트 버튼을 누를 때마다 3개의 시계가 전부 움직이기 때문이야. 원하는 패턴을 만들 때 시계 3개를 모두 잘 조정하는 건 힘들어. 하지만 시계 3개를 1개씩 합칠 수 있다면 이야기는 간단해지지.

유리 음…. 잠깐만 기다려, 오빠야. 그렇게 잘 될까? '5의 시계'는 잘 되었지만. 다른 시계도 그런 식으로 가능해? 예를 들면 '2의 시계'라든지….

나 잘 돼. 패턴000에서 카운트 버튼을 몇 번 누르면 패턴100이 될까?라는 문제를 풀면 돼.

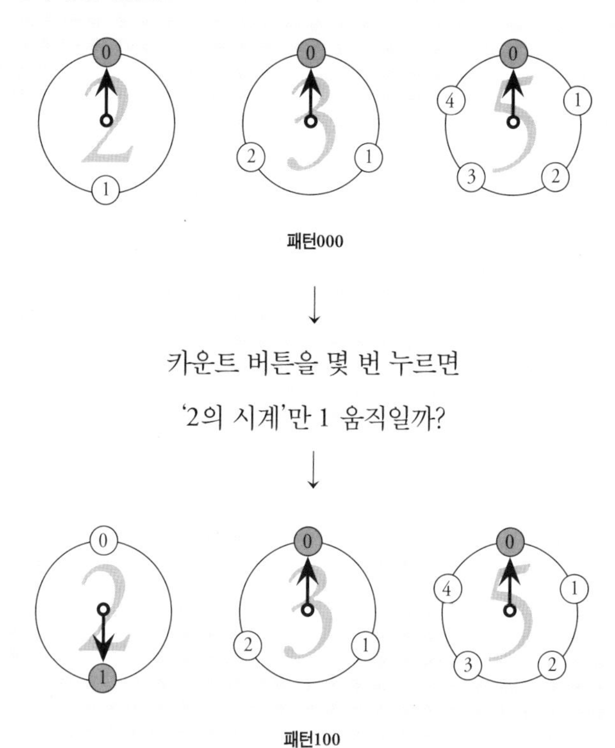

유리 ….

나 '3의 시계'도 똑같이 생각할 수 있어. '패턴000에서 카운트 버튼을 몇 번 누르면 패턴010이 될까?'라는 문제가 돼.

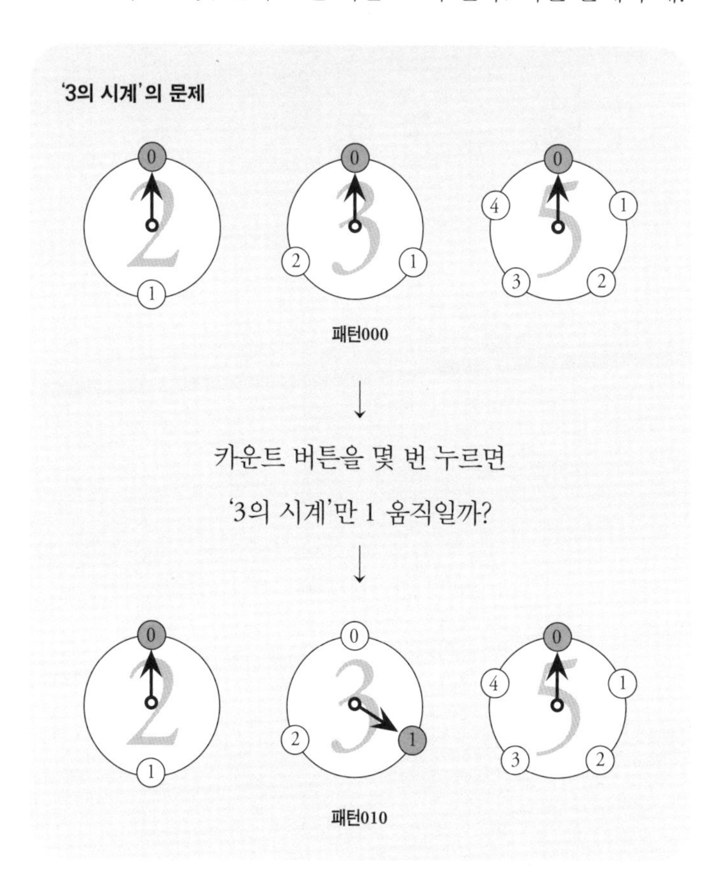

유리 패턴100과 패턴010과 패턴001을 만들면 되잖아! 그렇군, 그렇군. 일람표를 보면 한방이다!

카운트 버튼을 누르는 횟수와 패턴의 일람표

누르는 횟수	2의 시계	3의 시계	5의 시계
0	0	0	0
1	1	1	1
2	0	2	2
3	1	0	3
4	0	1	4
5	1	2	0
⇒ 6	0	0	1
7	1	1	2
8	0	2	3
9	1	0	4
⇒ 10	0	1	0
11	1	2	1
12	0	0	2
13	1	1	3
14	0	2	4
⇒ 15	1	0	0
16	0	1	1
17	1	2	2
18	0	0	3
19	1	1	4
20	0	2	0
21	1	0	1
22	0	1	2
23	1	2	3
24	0	0	4
25	1	1	0
26	0	2	1
27	1	0	2
28	0	1	3
29	1	2	4
30	0	0	0

- 카운트 버튼을 15회 누르면, 패턴100
- 카운트 버튼을 10회 누르면, 패턴010
- 카운트 버튼을 6회 누르면, 패턴001

나 $3 \times 5 = 15$와 $2 \times 5 = 10$과 $2 \times 3 = 6$이네.

$$
\begin{array}{lllll}
 & 3 \times & 5 = 15 & \rightarrow & \text{패턴100} \\
2 & \times & 5 = 10 & \rightarrow & \text{패턴010} \\
2 \times 3 & & = 6 & \rightarrow & \text{패턴001}
\end{array}
$$

유리 어? 그 곱셈은 뭐야?

나 시계가 0으로 돌아오는 것은 어느 때일까를 생각해 보자.

- '2의 시계'가 0으로 돌아오는 것은, '2의 배수'일 때
- '3의 시계'가 0으로 돌아오는 것은, '3의 배수'일 때
- '5의 시계'가 0으로 돌아오는 것은, '5의 배수'일 때

유리 ….

나 그러니까, 예를 들어 '3의 시계'와 '5의 시계' 모두 0으로 돌아오는 것은 '3의 배수이기도 하고, 5의 배수'이기도 할

때잖아.

유리 그런가? 그러네! 그러니까 곱셈이구나…!

나 그래. 3의 배수이기도 하고 5의 배수이기도 한 수, 즉 3과 5의 공배수만큼 누르면 '3의 시계'와 '5의 시계' 모두 0이 되지.

유리 응.

나 '3의 시계'와 '5의 시계' 모두 0이 된다는 것은 패턴*00이라는 형태야. *은 0 또는 1 중 어느 쪽이라고 하고.

유리 그러네.

나 $3 \times 5 = 15$는 3과 5의 공배수의 하나니까, 15회 누르면 패턴*00이 돼. 이 때 고맙게도 패턴100이 되어 주었어. 똑같이 생각해 보면….

- $3 \times 5 =$ 15회 누르니 패턴100이 되었다.
- $2 \times 5 =$ 10회 누르니 패턴010이 되었다.
- $2 \times 3 =$ 6회 누르니 패턴001이 되었다.

유리 그렇군, 그렇군….

나 이걸로 패턴100과 패턴010과 패턴001을 만드는 법을 알았으니까, 다음은 합쳐서 누르는 것을 생각하면 돼.

- '15회 합쳐서 누르면', '2의 시계'만 1 움직인다.
- '10회 합쳐서 누르면', '3의 시계'만 1 움직인다.
- '6회 합쳐서 누르면', '5의 시계'만 1 움직인다.

유리 응, 알겠어!

나 거기까지 알았다면 다음은 간단해. 3개의 시계를 1개씩 원하는 패턴에 맞추면 되니까.

유리 시계의 시간 맞추기 같이냐옹.

나 아, 그러네. 시를 맞추고, 분을 맞추고, 초를 맞추는 거 같이. 예를 들어 패턴024를 만들어 보자.

- '15회 합쳐서 누르는 것'을 0회
- '10회 합쳐서 누르는 것'을 2회
- '6회 합쳐서 누르는 것'을 4회

유리 이거, 전부 더하는 거지?

나 그렇지, 그렇지.

$$\begin{aligned} 15 \times \underline{0} + 10 \times \underline{2} + 6 \times \underline{4} &= 0 + 20 + 24 \\ &= 44 \end{aligned}$$

나 이것 봐, 44회 누르면 원하는 패턴024가 만들어져!

유리 어라? 이상해! 그렇다면 너무 많은데. 일람표에서는 14회 아닌가?

나 아, 그렇지. 그렇지만 잘 봐. 3개의 시계는 30회에 한 번 빙글 돌아 전부 0으로 돌아오니까, 30을 몇 번인가 빼면 돼. 44 − 30 = 14니까. 몇 번인가 빼서 제일 작은 0 이상의 수를 택하면 되는 거지.

유리 그렇군….

나 그리고, 마이너스(음수)가 되지 않도록 주의하면서 30을 몇 번인가 빼서 얻을 수 있는 수라는 것은… 유리야, 어떤 계산이라고 생각해?

유리 응? 음…, 아! 나머지!

나 정답! 30으로 나눈 나머지를 구하면 돼. 어떤 식으로 생각했는지를 정리해 보자.

시계 퍼즐의 해법

2의 시계, 3의 시계, 5의 시계의 시계 퍼즐은 아래의 방법으로 풀 수 있다.

순서1. 먼저 1개의 시계만을 1 움직이는 패턴을 찾는다.

(패턴100과, 패턴010과, 패턴001)

순서2. 각각의 패턴을 누르는 횟수를 알아본다.

(15회, 10회, 6회)

순서3. 원하는 패턴이 되도록 시계를 1개씩 맞춘다.

(패턴024라면, $15 \times \underline{0} + 10 \times \underline{2} + 6 \times \underline{4} = 44$)

순서4. 모든 시계의 수의 최소공배수(30)로 나눈 나머지를 구한다. 이것이 최소한으로 필요한 누르는 횟수이다.

($44 \div 30 = 1 \cdots 14$)

순서5. 최소공배수의 배수 ($30n$)에 최소한으로 필요한 누르는 횟수를 더하면, 누르는 횟수를 일반적으로 얻을 수 있다.

($n = 0, 1, 2, 3, \cdots$으로 $30n + 14$가 누르는 횟수)

유리 정말 시계를 1개씩 맞추고 있네.

나 유리의 힌트 덕분이야. '시계가 1개라면 간단'해.

유리 그…래? 에헤헤….

나 3개가 얽혀 있으니까 복잡한 거야. 다른 2개를 멈추고 1개만 딱딱 움직이면 되는 거지.

유리 있잖아, 오빠야!

나 왜?

유리 이 '3개의 시계'는 '1개의 큰 시계'로 되어 있어!

나 큰 시계?

유리 아까 2, 3, 5의 최소공배수인 30으로 나눴잖아? 그건 30회 누르면 빙글 돌아와서 패턴000이 되기 때문이지? 30회만에 빙글 돌아오는 큰 시계…. '30의 시계'잖앙!

나 아, 그런 말이구나. 그렇지, 큰 시계로 되어 있어. 정말 그런 느낌이네.

30의 시계

유리 재미있냐옹!

엄마 얘들아! 간식이다!

엄마가 주방에서 우리를 부른다.

유리 네…에! 갈게…요!

나는 간식을 먹으며 생각한다.

'2의 시계', '3의 시계', '5의 시계'라는 작은 시계가 3개.

'30의 시계'라는 큰 시계가 1개.

큰 시계를 작은 시계로 분해해 놓은 것 같다.

시계의 소인수분해인가?

$$30 = 2 \times 3 \times 5$$

패턴100, 패턴010, 패턴001이 만들어지면 어떠한 패턴도 만들 수 있다.

잠깐만?

그렇다면 2, 3, 5같이 전부 다 소수가 아니라도 되는 거 아닌가?

'1이 하나고 나머지가 0인 패턴'이 만들어지는 보장만 있다면 되니까, 분명히….

"본 적이 없으면서, 왜 그렇다고 말하는 것일까?"

제5장의 문제

●●● 문제 5-1 (시계 퍼즐)

일반적으로 시계 퍼즐에서 패턴123을 만들기 위해서는, 리셋 버튼을 누른 뒤 카운트 버튼을 몇 번 누르면 될까? 240쪽의 일람표를 보지 않고 생각하시오.

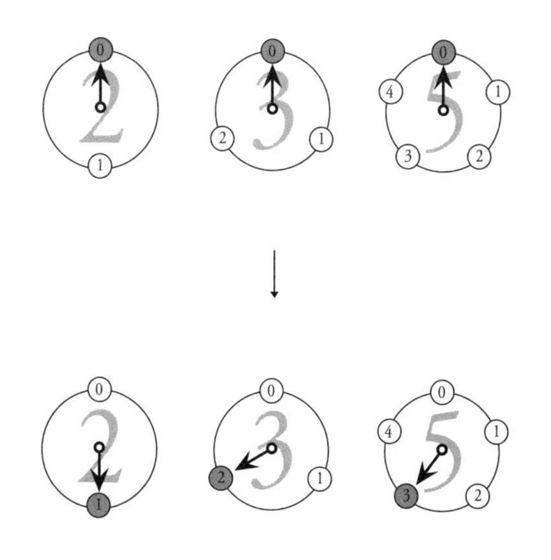

(해답은 295쪽에)

●●● **문제 5-2 (시계 퍼즐)**

일반적으로 시계 퍼즐에서 패턴124를 만들기 위해서는, 리셋 버튼을 누른 뒤 카운트 버튼을 몇 번 누르면 될까? 240쪽의 일람표를 보지 않고 생각하시오.

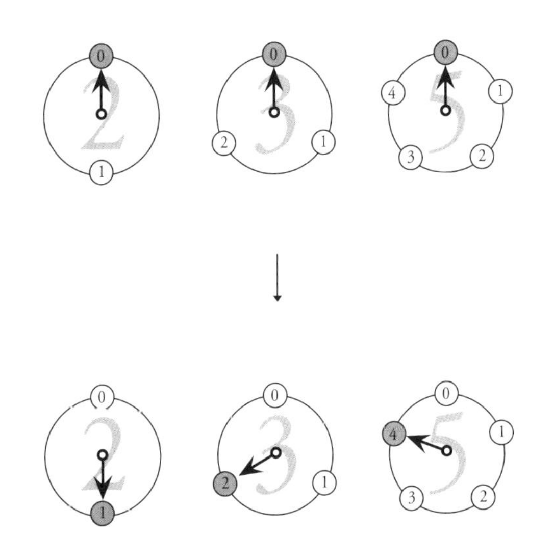

(해답은 297쪽에)

문제 5-3 (시계 퍼즐)

일반적으로 시계 퍼즐에서 패턴123에서 패턴000을 만들기 위해서는, 카운트 버튼을 몇 번 누르면 될까? 240쪽의 일람표를 보지 않고 생각하시오.

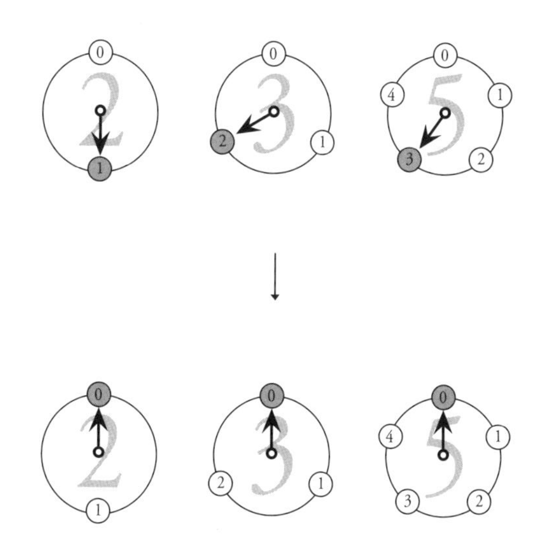

(해답은 299쪽에)

어느 날, 어느 때. 수학교실에서.

소녀 우왓, 여러 가지가 있네요!

선생님 그렇지.

소녀 선생님, 이건 뭐예요?

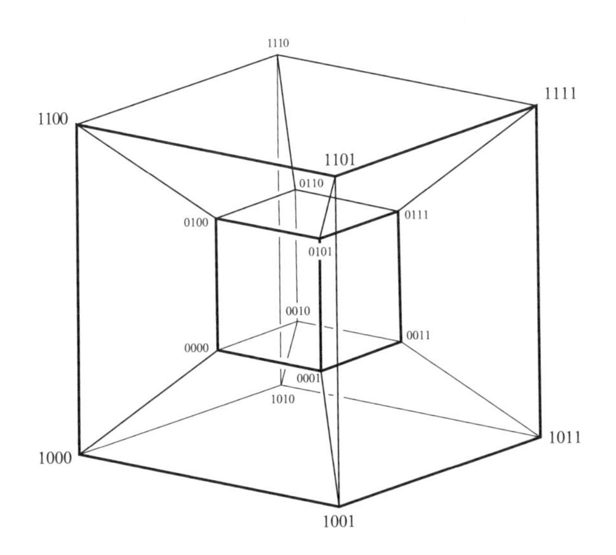

선생님 뭐라고 생각해?

소녀 정육면체?

선생님 그렇지. 하지만 4차원의 정육면체, 초정육면체야.

소녀 초정육면체?

선생님 그래, 그래. 억지로 3차원에 심어 넣은 거라 비뚤어져 보이지만. 정점에 좌표가 있지?

소녀 2진수 같아요.

선생님 1001은 2진수로 봐도 되고, (1, 0, 0, 1)이라는 4차원 좌표로 봐도 돼. 변으로 묶어진 정점은 1비트만 변화하고 있고, 변을 따라서 이동하면 1개의 좌표가 변화해. 규칙적이지.

소녀 정점이 2^4개네요.

선생님 4비트니까.

소녀 선생님, 이건 뭐예요?

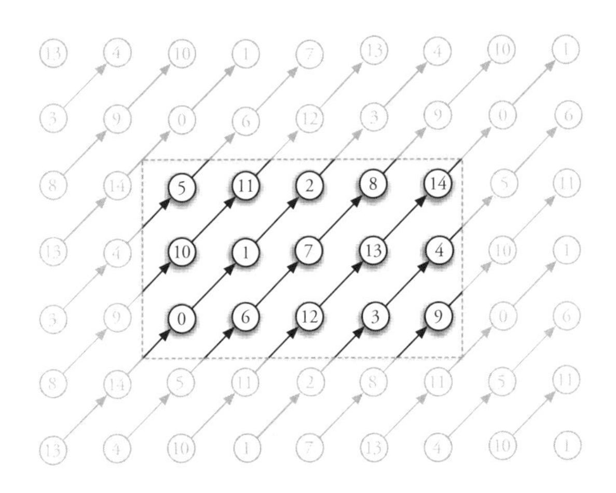

선생님 뭐라고 생각해?

소녀 기울어지게 배열된 수열인가? 직선도 몇 개 정도 있고.

선생님 하지만 이건 단 한 줄이야.

소녀 네?

선생님 둘레 안을 보면 한 줄의 나선이란 걸 알 수 있어.

소녀 번호 순으로 따라 가는 건가요?

선생님 그렇지. 그리고 간식인 도넛을 발견할 수 있어.

소녀 도넛이라면?

선생님 화살표가 번호 순으로 이어지도록 상하의 변과 좌우의 변을 각각 붙이면 도넛 모양이 되지.

소녀 오…!

선생님 이 도넛의 표면이 2차원 원환체. 2차원 원환체 상에서 3× 5 =15개의 점을 한 줄의 나선이 관통하고 있어.

소녀 선생님, 이건 또 뭐예요?

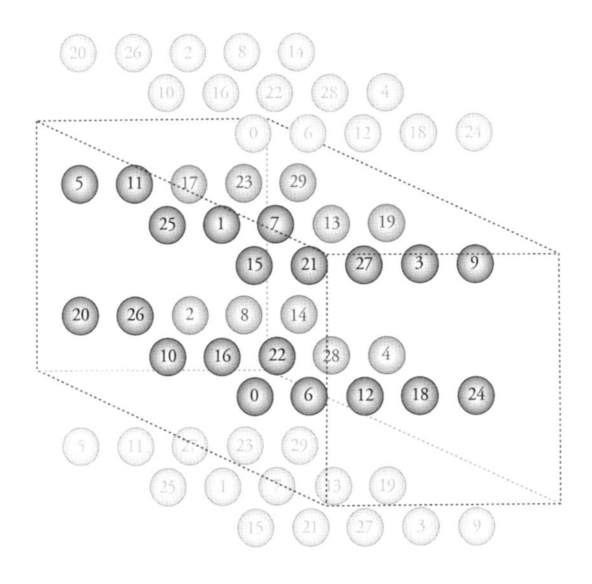

선생님 뭐라고 생각해?

소녀 ….

선생님 왜 그래?

소녀 잠깐만요, 생각하고 있어요. 번호 순으로 따라 가면….

선생님 흠.

소녀 알겠어요. 3차원 원환체! 상하의 면, 좌우의 면, 전후의 면을 붙이는 거죠. 3차원의 원형체 상에서 $2 \times 3 \times 5 = 30$개의 점을 한 줄의 나선이 관통하고 있는 거죠, 선생님.

선생님 눈치챘구나!

소녀 선생님의 패턴인걸요. 차원을 예로 들어 놀라게 하는 거.

선생님 반복에 대해 눈치를 채면 패턴을 발견할 수 있어. 모든 곳에 패턴이 숨겨져 있지. 패턴을 발견해서 무한을 잡는다.

소녀 무한을 잡는다….

선생님 실은, 아까 3차원 원환체는 시계 퍼즐에도 있어.

소녀 시계 퍼즐이요?

선생님 그래. 2, 3, 5의 '빙글빙글 원'이야.

소녀 소수예요?

선생님 어떤 2개의 수를 선택해도 최대공약수가 1이지.

소녀 $2 \times 3 \times 5 = 30$으로 빙글 한 번 도는 시계 말이군요.

소녀는 그렇게 말하고 '후훗'하며 웃었다.

해답

제1장의 해답

••• 문제 1-1 (3의 배수를 판정한다)

(a), (b), (C)가 3의 배수인지 각각 판정하시오.

(a) 123456

(b) 199991

(C) 111111

〈해답 1-1〉

실제로 3으로 나눠 보면 판정할 수 있지만, 3의 배수 판정법(24쪽)을 사용해서 각 자릿수의 합을 구하고 나서 3으로 나누는 것이 간단하다.

(a) $1+2+3+4+5+6=21$이며, 21은 3으로 나누어 떨어지므로 123456은 3의 배수이다.

(b) $1+9+9+9+9+1=38$이며, 38은 3으로 나누어 떨어지지 않으므로 199991은 3의 배수가 아니다.

(c) $1+1+1+1+1+1=6$이며, 6은 3으로 나누어떨어지므로 111111은 3의 배수이다.

답: (a)와 (c)는 3의 배수이다. (b)는 3의 배수가 아니다.

그런데, 3으로 나누어떨어지는지 아닌지를 알아보기 위해서라면 3의 배수는 원래부터 더할 필요가 없다.

그렇기 때문에 (a)는 3과 6을 제외한 $1 + 2 + 4 + 5$를 계산하면 된다. 또한, $1 + 2$를 계산한 시점에서 3이 되므로 그것도 계산할 필요가 없다. 결국 $4 + 5 = 9$만 계산하면 (a)가 3의 배수라는 것을 알 수 있다.

(b)에서는 3의 배수인 9를 더할 필요가 없다. 그렇기 때문에 (b)는 $1 + 1 = 2$만 계산하면 3의 배수인지 아닌지 알 수 있다.

(c)에서는 각 자릿수의 수가 1이다. 1, 11, 111, 1111같이 모든 자릿수가 1인 수는 자릿수가 3의 배수일 때만이 전체도 3의 배수가 된다는 것을 알 수 있다.

$$1,\ 11,\ \underbrace{111}_{3\text{자리}},\ 1111,\ 11111,\ \underbrace{111111}_{6\text{자리}},\ 1111111,\ \cdots$$

문제 1-2 (수식으로 나타낸다)

n을 $0 \leqq n < 1000$의 범위에 있는 짝수라고 한다. n의 100의 자리, 10의 자리, 1의 자리를 각각 정수 a, b, c라고 나타내면 a, b, c는 각각 어떤 수를 취할 가능성이 있는가?

〈해답 1-2〉

100의 자리와 10의 자리에는 0, 1, 2, 3, …, 9 중 어느 것이라도 상관없다. 그러나 n은 짝수라는 조건이 있으므로, 1의 자리는 짝수여야 한다. 또한, 1의 자리가 짝수라면 n도 짝수가 된다. 따라서 a, b, c는 각각 다음에 쓰여 있는 값일 가능성이 있다.

$$a = 0, 1, 2, 3, 4, 5, 6, 7, 8, 9$$
$$b = 0, 1, 2, 3, 4, 5, 6, 7, 8, 9$$
$$c = 0, 2, 4, 6, 8$$

●●● **문제 1-3 (표를 만든다)**

'나'는 n의 각 자리의 숫자를 더한 수를 A_n 이라고 썼다. 이것을 쓰는 방법은,

$$A_{316} = 3 + 1 + 6 = 10$$

으로 계산할 수 있다. 아래 표의 빈칸을 채우시오.

n	0	1	2	3	4	5	6	7	8	9
A_n										

n	10	11	12	13	14	15	16	17	18	19
A_n										

n	20	21	22	23	24	25	26	27	28	29
A_n										

n	30	31	32	33	34	35	36	37	38	39
A_n										

n	40	41	42	43	44	45	46	47	48	49
A_n										

n	50	51	52	53	54	55	56	57	58	59
A_n										

n	60	61	62	63	64	65	66	67	68	69
A_n										

n	70	71	72	73	74	75	76	77	78	79
A_n										

n	80	81	82	83	84	85	86	87	88	89
A_n										

n	90	91	92	93	94	95	96	97	98	99
A_n										

n	100	101	102	103	104	105	106	107	108	109
A_n										

〈해답 1-3〉

아래처럼 된다.

n	0	1	2	3	4	5	6	7	8	9
A_n	0	1	2	3	4	5	6	7	8	9

n	10	11	12	13	14	15	16	17	18	19
A_n	1	2	3	4	5	6	7	8	9	10

n	20	21	22	23	24	25	26	27	28	29
A_n	2	3	4	5	6	7	8	9	10	11

n	30	31	32	33	34	35	36	37	38	39
A_n	3	4	5	6	7	8	9	10	11	12

n	40	41	42	43	44	45	46	47	48	49
A_n	4	5	6	7	8	9	10	11	12	13

n	50	51	52	53	54	55	56	57	58	59
A_n	5	6	7	8	9	10	11	12	13	14

n	60	61	62	63	64	65	66	67	68	69
A_n	6	7	8	9	10	11	12	13	14	15

n	70	71	72	73	74	75	76	77	78	79
A_n	7	8	9	10	11	12	13	14	15	16

n	80	81	82	83	84	85	86	87	88	89
A_n	8	9	10	11	12	13	14	15	16	17

n	90	91	92	93	94	95	96	97	98	99
A_n	9	10	11	12	13	14	15	16	17	18

n	100	101	102	103	104	105	106	107	108	109
A_n	1	2	3	4	5	6	7	8	9	10

제2장의 해답

문제 2-1 (소수)

아래에서 수학적으로 맞는 문장을 모두 선택하시오.

(a) 91은 소수이다.

(b) 2개의 소수의 합은 짝수이다.

(c) 2 이상의 정수는 합성수가 아니라면 소수이다.

(d) 소수는 단지 2개의 약수를 갖는다.

(e) 합성수는 3개 이상의 약수를 갖는다.

〈해답 2-1〉

(a) 91은 소수이다.

틀림. $91 = 7 \times 13$으로 소인수분해가 가능하므로, 91은 소수가 아닌 합성수이다.

(b) 2개의 소수의 합은 짝수이다.

틀림. 예를 들어 2와 3은 소수이지만, $2 + 3 = 5$는 짝수가 아니다.

(c) 2 이상의 정수는 합성수가 아니라면 소수이다.

맞음. 2 이상의 정수는 모두 합성수 또는 소수 중 하나이다.

(d) 소수는 단지 2개의 약수를 갖는다.

맞음. 소수 p는 1과 p 자신이라는 2개의 소수를 갖는다.

(e) 합성수는 3개 이상의 약수를 갖는다.

맞음. 정수 N이 합성수라면, $N = mn$같이 정수 m과 n의 곱으로 쓸 수 있다($1 < m < N$ 및 $1 < n < N$). 이 때의 N은 적어도 1, m, N의 3개의 약수를 갖는다. 또한, $m = n$일지도 모르니, 4개의 약수를 갖는다고는 할 수 없다. 예를 들어 9는 합성수로 $9 = 3 \times 3$같이 곱으로 쓰며 1, 3, 9의 3개의 약수를 갖는다.

답: (c) (d) (e)

문제 2-2 (에라토스테네스의 체)

에라토스테네스의 체를 사용하여 200 이하의 소수를 모두 구하시오.

〈해답 2-2〉

다음과 같다.

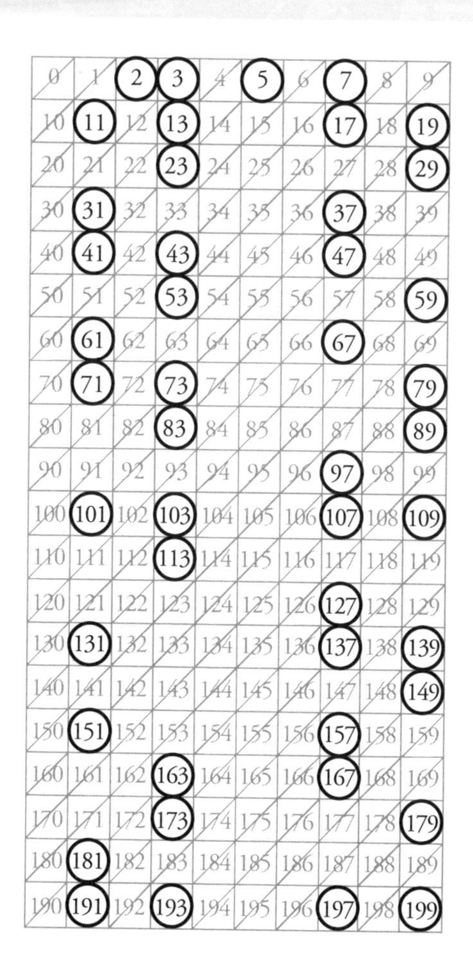

0	1	**2**	**3**	4	**5**	6	**7**	8	9
10	**11**	12	**13**	14	15	16	**17**	18	**19**
20	21	22	**23**	24	25	26	27	28	**29**
30	**31**	32	33	34	35	36	**37**	38	39
40	**41**	42	**43**	44	45	46	**47**	48	49
50	51	52	**53**	54	55	56	57	58	**59**
60	**61**	62	63	64	65	66	**67**	68	69
70	**71**	72	**73**	74	75	76	77	78	**79**
80	81	82	**83**	84	85	86	87	88	**89**
90	91	92	93	94	95	96	**97**	98	99
100	**101**	102	**103**	104	105	106	**107**	108	**109**
110	111	112	**113**	114	115	116	117	118	119
120	121	122	123	124	125	126	**127**	128	129
130	**131**	132	133	134	135	136	**137**	138	**139**
140	141	142	143	144	145	146	147	148	**149**
150	**151**	152	153	154	155	156	**157**	158	159
160	161	162	**163**	164	165	166	**167**	168	169
170	171	172	**173**	174	175	176	177	178	**179**
180	**181**	182	183	184	185	186	187	188	189
190	**191**	192	**193**	194	195	196	**197**	198	**199**

200 이하의 소수표

문제 2-3 (에라토스테네스의 체의 보완)

79쪽에 있는 에라토스테네스의 체의 순서에서는 '만약 $p^2 > N$이라면, 남아 있는 수는 모두 소수'라는 아이디어가 활용되지 않는다. 이 아이디어를 활용하기 위한 순서를 보완하시오.

〈해답 2-3〉

예를 들어 다음과 같이 '순서2′'를 추가한다.

에라토스테네스의 체 (소수를 구하는 방법의 보완)

아래의 순서대로 자연수 N 이하의 소수에 모두 동그라미를 치고, 0과 단수와 합성수는 지운다.

순서1. 표에 0부터 N까지의 정수를 쓰고, 0과 1을 지운다.
(지워진 수는 0과 단수이다.)

순서2. 남아 있는 수가 있다면 최소의 수 p에 동그라미를 치고, 남아 있는 수가 없다면 끝낸다.
(동그라미를 친 수 p는 소수이다.)

순서2′. 만약 $p^2 > N$이라면, 남아 있는 수 모두에 동그라미를 치고 끝낸다.

(동그라미를 친 수는 소수이다.)

순서3. 소수 p보다 큰 p의 배수를 전부 없애고 순서2로 돌아간다.

(없어진 수는 p를 약수로 갖는 합성수이다.)

문제 2-4 (2차식 $n^2 + n + 41$)

n이 0 이상의 정수일 때, 2차식 $P(n) = n^2 + n + 41$의 값이 반드시 홀수가 된다는 것을 증명하시오.

〈해답 2-4〉

증명1 (경우 구분)

n을 짝수와 홀수로 구분한다.

n이 짝수일 때, n^2과 n은 모두 짝수이다. 41은 홀수이므로, $n^2 + n + 41$은 짝수 + 짝수 + 홀수 = 홀수이다.

n이 홀수일 때, n^2과 n은 모두 홀수이다. 41은 홀수이므로, $n^2 + n + 41$은 홀수 + 홀수 + 홀수 = 홀수이다.

따라서 $P(n)$의 값은 반드시 홀수가 된다. (증명 끝)

증명2 (식의 변형)

다음과 같이 식을 변형한다.

$$n^2 + n + 41 = n(n + 1) + 41$$

여기서 n과 $n+1$ 중 어느 한쪽이 짝수이므로 $n(n + 1)$은 짝수이다. $n(n + 1) + 41$은 짝수와 홀수의 합이 되므로 홀수이다.

따라서 $P(n)$의 값은 반드시 홀수가 된다. (증명 끝)

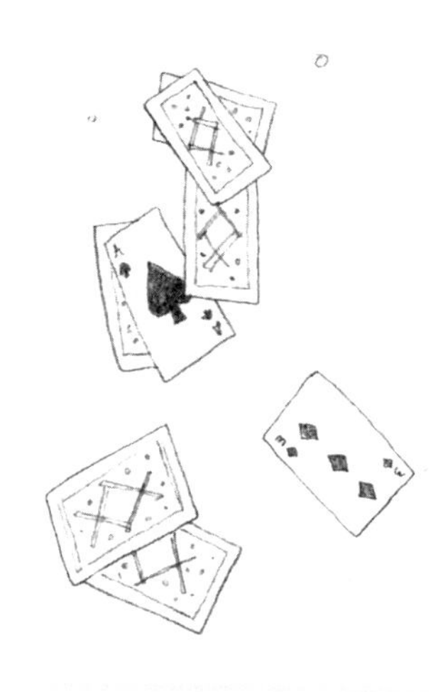

제3장의 해답

●●● 문제 3-1 (카드로 나타내기)

이 장에 나온 5장의 숫자 맞추기 카드로 25를 나타내어 보자. 앞면이 되는 카드의 왼쪽 위의 수를 모두 답하시오.

〈해답 3-1〉

139쪽의 방법으로 나눗셈을 반복해서 구한다.

$$25 \div 16 = 1 \cdots 9$$
$$9 \div 8 = 1 \cdots 1$$
$$1 \div 4 = 0 \cdots 1$$
$$1 \div 2 = 0 \cdots 1$$
$$1 \div 1 = 1 \cdots 0$$

몫이 1이 되는 것은 16, 8, 1로 나눴을 때이다. 따라서 16, 8, 1이 왼쪽 위에 쓰여 있는 카드가 앞면이 된다.

답: 16, 8, 1

●●● 문제 3-2 (카드에 쓰여 있는 수)

이 장에 나온 5장의 숫자 맞추기 카드 중에서 왼쪽 위가 2인 카드에 쓰여 있는 수를 모두 답하시오. (앞의 내용을 보지 않고 답하시오.)

2	?	?	?
?	?	?	?
?	?	?	?
?	?	?	?

〈해답 3-2〉

다음과 같다.

2	3	6	7
10	11	14	15
18	19	22	23
26	27	30	31

답: 2, 3, 6, 7, 10, 11, 14, 15, 18, 19, 22, 23, 26, 27, 30, 31

또한, 이 수는 0부터 31까지의 범위에서 2개를 건너뛰어 2개를 선택하면 얻을 수 있다. 또한 '4로 나눈 나머지가 2

또는 3이 되는 수'로서 얻을 수 있다.

참고로 142쪽에 나온 악어로 말하면 2의 카드에 쓰여 있는 수는 2의 악어가 먹는 수가 된다.

문제 3-3 (4의 배수)

이 장에 나온 5장의 숫자 맞추기 카드를 배열했을 때, '당신이 생각한 것은 4의 배수네요'라고 한눈에 알 수 있는 방법을 생각해 보시오. 하지만, 카드는 왼쪽 위에 16, 8, 4, 2, 1이 쓰여 있는 것을 왼쪽부터 순서대로 배열하는 것으로 한다.

〈해답 3-3〉

4의 배수란 4로 나눴을 때 나머지가 0이 되는 수이므로, 카드 왼쪽 위가 4인 카드보다 오른쪽에 있는 카드(2와 1의 카드)가 2장 모두 엎어져 있다면 4의 배수이다.

답: 오른쪽부터 2장의 카드가 엎어져 있다면 4의 배수이다.

덧붙여서 142쪽에 나온 악어로 말하면 4의 배수는 2와 1의 어느 쪽의 악어도 먹을 것이 없는 수가 된다.

●●● **문제 3-4 (뒤집음)**

이 장에 나온 5장의 숫자 맞추기 카드를 사용하여 어떤 수 N을 나타냈다고 하자. 그 때의 5장의 카드를 모두 뒤집으면(즉 앞면의 카드를 뒷면으로, 뒷면의 카드를 앞면으로 한다면), 이번에는 어떠한 수를 나타낼까? N을 사용해서 답하시오.

〈해답 3-4〉

카드 5장의 왼쪽 위의 수를 합하면 31이므로, N을 앞으로 한 카드를 모두 뒤집으면 31 − N을 나타내는 것이 된다.

답: 31 − N

●●● **문제 3-5 (*n*장의 카드)**

이 장에 나온 5장의 숫자 맞추기 카드에는 카드마다 16개의 수가 쓰여 있다. *n*장의 숫자 맞추기 카드가 있다면 카드마다 몇 개의 수가 쓰여 있는가?

〈해답 3-5〉

n장의 카드를 사용하면 0부터 $2^n - 1$까지의 2^n개의 패턴

을 만들 수 있다. 어떠한 카드도 2^n개의 패턴 중에 반은 앞면이 되므로, 카드에 쓰여 있는 수는 2^n의 절반인 2^{n-1}개가 된다.

답: 2^{n-1}개

제4장의 해답

●●● 문제 4-1 (점화식)

수열 $\{F_n\}$이 다음의 점화식으로 정의될 때, 처음 10항 (F_1, F_2, F_3, $\cdots$, F_{10})을 구하시오.

$$\begin{cases} F_1 = 1 \\ F_2 = 1 \\ F_n = F_{n-1} + F_{n-2} \quad (n = 3, 4, 5, \cdots) \end{cases}$$

〈해답 4-1〉

처음의 2항은 $F_1 = 1$, $F_2 = 1$로 주어져 있다. F_3 이후는 점화식을 사용해서 구한다.

$$\begin{aligned} F_3 &= F_2 + F_1 && \text{점화식에서} \\ &= 1 + 1 && F_2 = 1, F_1 = 1 \\ &= 2 \end{aligned}$$

이것을 계속해 간다.

$$F_4 = F_3 + F_2 = 2 + 1 = 3$$

$$F_5 = F_4 + F_3 = 3 + 2 = 5$$

$$F_6 = F_5 + F_4 = 5 + 3 = 8$$

$$F_7 = F_6 + F_5 = 8 + 5 = 13$$

$$F_8 = F_7 + F_6 = 13 + 8 = 21$$

$$F_9 = F_8 + F_7 = 21 + 13 = 34$$

$$F_{10} = F_9 + F_8 = 34 + 21 = 55$$

정리하면 아래의 표가 된다.

n	1	2	3	4	5	6	7	8	9	10
F_n	1	1	2	3	5	8	13	21	34	55

또한, 이 수열은 피보나치수열이라고 부른다.

답: 1, 1, 2, 3, 5, 8, 13, 21, 34, 55

문제 4-2 (일반항)

수열 $\{a_n\}$의 처음 10항이 다음의 표로 주어져 있을 때, 일반항 a_n을 추측하고, n을 사용해서 나타내시오.

n	1	2	3	4	5	6	7	8	9	10	⋯
a_n	−1	3	−5	7	−9	11	−13	15	−17	19	⋯

〈해답 4-2〉

수열 $\{a_n\}$의 각항의 부호를 무시하면, 1, 3, 5, 7, 9, 11, 13, 15, 17, 19, ⋯라는 홀수열과 같다.

또한, a_n은 n이 홀수일 때 음수($a_n < 0$)이며, n이 짝수일 때 양수($a_n > 0$)이다.

여기서 일반항 a_n은 이하의 식으로 나타내면 추측할 수 있다.

$$a_n = (-1)^n(2n-1)$$

답: $a_n = (-1)^n(2n-1)$

보조설명

$n = 1, 2, 3, \cdots$일 때, $(-1)^n$은 다음의 표와 같이 나타낸다.

n	1	2	3	4	5	6	7	8	9	10	⋯
$(-1)^n$	−1	1	−1	1	−1	1	−1	1	−1	1	⋯

이와 같이, $(-1)^n$이라는 식은 n이 짝수일 때는 1이 되고, 홀수일 때는 −1이 된다. 이것에서 n의 홀짝에 맞춰 부호

를 바꾸는 수식을 만들 때 $(-1)^n$은 많이 사용된다.

●●● **문제 4-3 (수학적 귀납법)**

어떤 정의 정수 $n = 1, 2, 3, \cdots$에 대해서도 다음의 식이 성립하는 것을 수학적 귀납법으로 증명하시오.

$$1 + 2 + 3 + \cdots + n = \frac{n(n+1)}{2}$$

〈해답 4-3〉

이하의 등식을 $\mathrm{P}(n)$이라고 부른다고 하자.

$$1 + 2 + 3 + \cdots + n = \frac{n(n+1)}{2}$$

《1단계》

P(1)은 성립한다. 왜냐하면,

$$1 = \frac{1(1+1)}{2}$$

이 성립하기 때문이다.

《2단계》

P(k)가 성립한다고 가정하자. 이때, P(k+1)이 성립하는 것을 나타낸다.

$$1+2+3+\cdots+k+(k+1)$$

$$=\frac{k(k+1)}{2}+(k+1)$$ 가정의 P(k)를 사용했다.

$$=\frac{k(k+1)+2(k+1)}{2}$$ (k+1)을 분자로 이동시켰다.

$$=\frac{(k+1)+(k+2)}{2}$$ (k+1)로 묶었다.

따라서,

$$1+2+3+\cdots+k+(k+1)=\frac{(k+1)+(k+2)}{2}$$

가 성립한다. 이건 P(k+1)이 성립하는 것을 말한다.

따라서 수학적 귀납법에 의해, 어떤 정의 정수 n에 대해서 P(n)이 성립한다. (증명 끝)

●●● 문제 4-4 (수학적 귀납법)

어떤 정의 정수 $n=1, 2, 3, \cdots$대해서도 다음의 식이 성립하는 것을 수학적 귀납법으로 증명하시오.

$$F_1 + F_2 + F_3 + \cdots + F_n = F_{n+2} - 1$$

다만, 수열 $\{F_n\}$은 문제 4-1에서 정의한 것이다.

〈해답 4-4〉

이하의 등식을 $Q(n)$이라고 한다.

$$F_1 + F_2 + F_3 + \cdots + F_n = F_{n+2} - 1$$

《1단계》

$Q(1)$은 성립한다. 왜냐하면, $F_1 = 1$, $F_3 = 2$이므로,

$$F_1 = F_3 - 1$$

이 성립하기 때문이다.

《2단계》

$Q(k)$가 성립한다고 가정한다. 이때, $Q(k+1)$이 성립하는 것을 나타낸다.

$F_1 + F_2 + F_3 + \cdots + F_k + F_{k+1}$

$= F_{k+2} - 1 + F_{k+1}$ 가정Q(k)에서

$= F_{k+2} + F_{k+1} - 1$ 합의 순서를 바꿨다.

$= F_{k+3} - 1$ 점화식에 의해 $F_{k+3} = F_{k+2} + F_{k+1}$ 이므로

즉, 등식

$$F_1 + F_2 + F_3 + \cdots + F_k + F_{k+1} = F_{(k+1)+2} - 1$$

이 성립한다. 이건 Q(k+1)이 성립하는 것을 말한다.

따라서 수학적 귀납법에 의해, 임의의 정의 정수 n에 대해서 Q(n)이 성립한다. (증명 끝)

제5장의 해답

●●● 문제 5-1 (시계 퍼즐)

일반적으로 시계 퍼즐에서 패턴123을 만들기 위해서는, 리셋 버튼을 누른 뒤 카운트 버튼을 몇 번 누르면 될까? 240쪽의 일람표를 보지 않고 생각하시오.

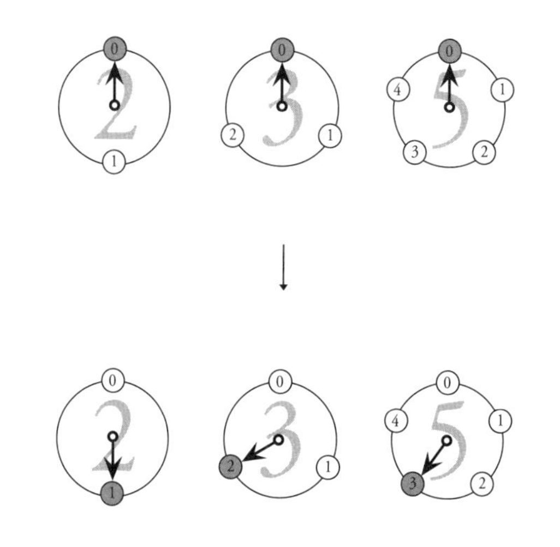

〈해답 5-1〉

시계 퍼즐의 해법의 순서3(259쪽) 다음을 따라가며 계산한다.

먼저, 패턴123이 되도록 하기 위해서 1개씩 시계를 맞춘다.

$$15 \times \underline{1} + 10 \times \underline{2} + 6 \times \underline{3} = 15 + 20 + 18$$
$$= 53$$

다음으로, 모든 시계의 수의 최소공배수(30)로 나눈 나머지를 구한다.

$$53 \div 30 = 1 \cdots 23$$

따라서 카운트 버튼은 가장 적게는 23회 누를 필요가 있다. 일반적으로는,

$$30n + 23 \quad (n = 0, 1, 2, 3, \cdots)$$

번 누르면 패턴 123이 된다.

답: $30n + 23$ $(n = 0, 1, 2, 3, \cdots)$

문제 5-2 (시계 퍼즐)

일반적으로 시계 퍼즐에서 패턴124를 만들기 위해서는, 리셋 버튼을 누른 뒤 카운트 버튼을 몇 번 누르면 될까? 240쪽의 일람표를 보지 않고 생각하시오.

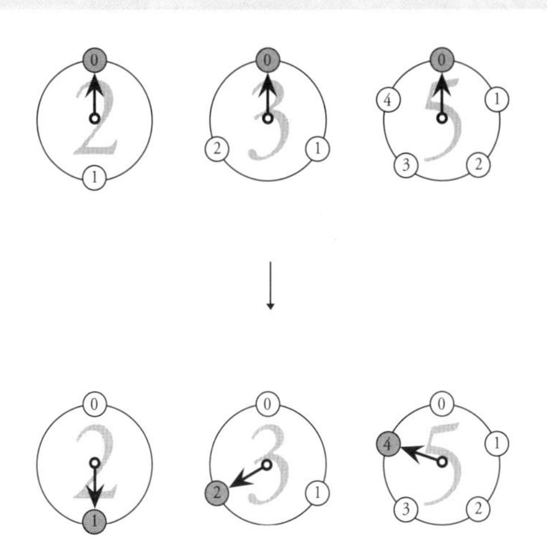

〈해답 5-2〉

문제 5-1과 마찬가지로 풀어도 되지만, 문제 5-1의 결과를 사용해서 풀어보겠다.

문제 5-1에서 구한 패턴 123에서 '5의 시계'만 1 움직이면 패턴 124를 얻을 수 있다. '5의 시계'만 1 움직이기 위해서는 6회 누르면 되므로, 구하는 횟수는 다음의 계산을 통해 얻을 수 있다.

$$
\begin{aligned}
(\text{패턴 123을 누르는 횟수} + 6) \div 30 &= (23 + 6) \div 30 \\
&= 0 \cdots 29
\end{aligned}
$$

답: $30n + 29$ ($n = 0, 1, 2, 3, \cdots$)

다른 해석

패턴124는 이제 1번만 더 누르면 패턴000이 된다. 그러니, 30번의 바로 하나 앞인 최소한 29번을 누르면 된다.

답: $30n + 29$ ($n = 0, 1, 2, 3, \cdots$)

●●● 문제 5-3 (시계 퍼즐)

일반적으로 시계 퍼즐에서 패턴123에서 패턴000을 만들기 위해서는, 카운트 버튼을 몇 번 누르면 될까? 240쪽의 일람표를 보지 않고 생각하시오.

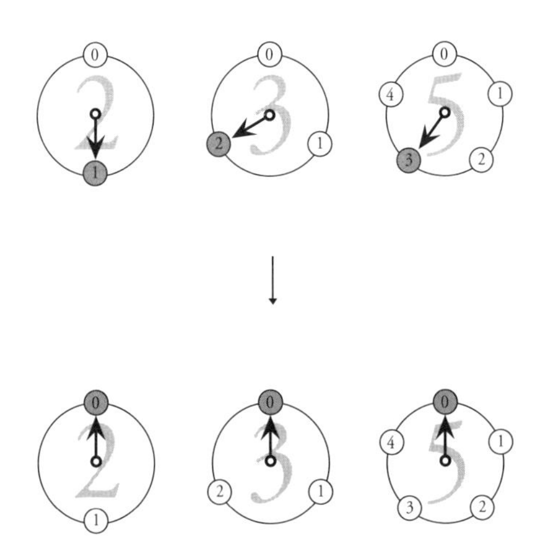

〈해답 5-3〉

문제 5-1의 결과에서 패턴 123을 만들려면 반드시 23회 눌러야 할 필요가 있다. 그런데 패턴000에서 30회를 누르면 패턴000으로 돌아가므로, 패턴123에서 패턴000을 만들기 위해서는 30 − 23 = 7회 누르면 된다.

$$\text{패턴 000} \xrightarrow{23\text{회}} \text{패턴 123} \xrightarrow{7\text{회}} \text{패턴 000}$$

(패턴 000에서 패턴 000까지: 30회)

답: $30n + 7$ $(n = 0, 1, 2, 3, \cdots)$

이 책에 실린 수학 토크보다 한 걸음 더 나아가 '좀 더 생각해 보길 원하는' 당신을 위해 다른 종류의 문제를 싣는다. 그에 대한 해답은 이 책에는 실려 있지 않고, 각 문제의 정답이 하나뿐이라는 제한도 없다.

당신 혼자 힘으로, 또는 이런 문제를 함께 토론할 수 있는 사람들과 함께 곰곰이 생각해 보기를 바란다.

제1장 더해도 빼도 같은 수

●●● 연구문제 1-X1 (수식으로 나타낸다)

다음의 수학적 개념을 각각 수식으로 나타내시오.

- 2로 나누었을 때 1이 남는 정의 정수
- 100의 자릿수의 정의 정수
- 2로도 3으로도 5로도 나누어떨어지는 정수

●●● 연구문제 1-X2 (나머지의 계산)

0 이상의 정수 A와 B를 알았다고 한다.

A를 3으로 나누었을 때 나머지를 a라고 하고, B를 3으로 나누었을 때 나머지를 b라고 할 때, A + B를 3으로 나누었을 때 나머지는 어떻게 될까? 연구해 보자.

●●● 연구문제 1-X3 (n자리의 수)

본문 중에서 '나'는 100보다 작은 경우 '3의 배수 판정법'의 증명을 했다. 그 뒤, 다시 세 자리보다 일반적인 경우의 이야기를 하기 위해 중단했다(43쪽). 당신이 대신해서 일반적인 경우를 증명하시오.

힌트: n자리의 정의 정수를,

$$10^{n-1}a_{n-1} + \cdots + 10^2 a_2 + 10^1 a_1 + 10^0 a_0$$

같이 나타내어 3으로 묶어보자.

연구문제 1-X4 (n진수에서의 판정법)

제1장의 마지막에 '나'는 n진수에서의 판정법에 대해서 생각했다(55쪽). 당신도 생각해 보시오.

- 3이나 9의 배수같이 각 자리의 합이 판정법에 사용되는 것은 어떠한 경우인가?
- 2나 5의 배수같이 1의 자리가 판정법에 사용되는 것은 어떠한 경우인가?

●●● 연구문제 1 – X5 (1의 배수 판정법)

제1장에서 유리와 '나'는 3과 9의 배수 판정법이 같은 것은 3도, 9도, 9를 나누었을 때 떨어지는 수이기 때문이라는 것을 알았다. 그런데 9를 나머지가 없이 나눌 수 있는 수(약수)는 3과 9 외에 하나 더 있다. '1의 배수 판정법'에 대해서 생각해 보시오.

제2장 선택할 수 없으나 보이는 수

••• 연구문제 2-X1 (울람나선)

당신도 울람나선을 그려보아라. 나선을 그리기 시작하는 수를 바꾸면 다른 패턴이 나타날까?

••• 연구문제 2-X2 (소수와 합성수)

정의 정수 n이 합성수라면 2^n-1도 합성수가 되는 것을 증명하시오.

※ 또한, 2^n-1의 형태를 한 수를 메르센 수라고 한다. 게다가 2^n-1의 형태를 한 소수를 메르센 소수라고 말한다.

••• 연구문제 2-X3 (2차식 n^2+n+41)

0 이상의 어떤 정수 n에 대해서도 2차식 $P(n) = n^2 + n + 41$의 값은 2로도, 3으로도, 5로도, 7로도 나누어떨어지지 않는다. 이를 증명하시오.

제3장 숫자 맞추기 마술과 31의 수수께끼

••• 연구문제 3-X1 (패턴의 발견)

151쪽의 표에서 2진법으로 나타낸 수에 대해서, 1이 2번 연속해서 나타나는 수를 표시하시오(01100이나 00110 등). 그 수들의 공통적인 특성이 있는가? 또한, 1이 3번 연속해서 나타나는 수에 대해서도 똑같이 생각해 보시오.

••• 연구문제 3-X2 (패턴의 발견)

153쪽 표에서 2진법으로 나타낸 수에 대해서, 1과 0을 교환한 수들을 선으로 이어보자(예를 들어 01100과 10011을 잇는다).

또한, 수의 좌우를 바꾼 수들을 선으로 이어보자(예를 들어 10100과 00101을 잇는다). 각각 어떠한 재밌는 패턴이 발견될까?

••• 연구문제 3-X3 (2진법)

2진법을 사용하면 n자리에서 0부터 2^n-1까지의 수를 나타낼 수 있다. 당신이 생각하는 '매우 큰 수'를 나타내기 위해서는 적어도 몇 자리가 필요한지 알아보시오. 예를 들어 1000조를 나타내기 위해서는 몇 자리가 필요할까?

제4장 수학적 귀납법

●●● 연구문제 4 - X1 (수학적 귀납법)

어떤 정의 정수 $n = 1, 2, 3, \cdots$에 대해서도 다음이 성립하는 것을 수학적 귀납법으로 증명하시오.

$$1^3 + 2^3 + 3^3 + \cdots + n^3 = (1 + 2 + 3 + \cdots + n)^2$$

●●● 연구문제 4 - X2 (수학적 귀납법)

아래 증명의 잘못을 지적해 보시오.

정리

사람은 모두 나이가 같다.

증명

'n명 그룹의 멤버는 나이가 같다'라는 주장을 $Y(n)$이라고 하고, n에 관한 수학적 귀납법으로 증명한다.

《1단계》

'1명 그룹의 멤버는 모두 나이가 같다'라는 주장은 성립한다. 왜냐하면, 그 그룹에는 겨우 1명밖에 존재하지 않기 때문이다. 따라서 Y(1)은 성립한다.

《2단계》

Y(k)가 성립한다고 가정하여 Y(k+1)이 성립하는 것을 나타내자. k+1명 그룹의 멤버를 그림처럼 일렬로 세워 둔다.

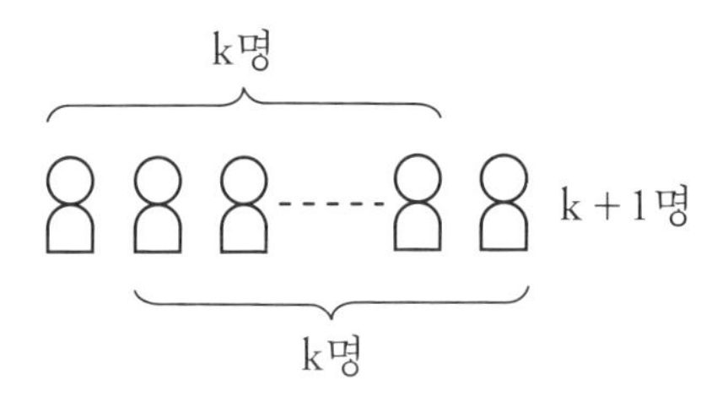

Y(k)가 성립하므로, 우측의 1명을 제외한 k명 그룹의 멤버는 모두 나이가 같다. 똑같이 좌측의 1명을 제외한 k명 그룹의 멤버도 모두 나이가 같다. 그림에서 k+1명 그룹의 멤버는 실제로 모두 나이가 같다는 것을 알 수 있다. 따라서 Y(k+1)이 성립한다.

따라서 수학적 귀납법에 의해 임의의 n에 대해서 Y(n)이 성립한다. (증명 끝)

●●● 연구문제 4-X3 (수학적 귀납법)

아래의 '증명'을 연구해 보시오.

정리

임의의 1 이상의 정수 $n = 1, 2, 3, \cdots$에 대해서,

돈을 n원 가진 사람은 부자가 아니다.

증명

수학적 귀납법으로 증명한다.

《1단계》

1원을 가진 사람은 부자가 아니다.

《2단계》

k원을 가진 사람이 부자가 아니라면, k + 1원을 가진 사람도 부자가 아니다. 왜냐하면, 1원이 많아진 정도로 부자가 될 리가 없기 때문이다. 따라서 수학적 귀납법에 의해 임의의 1 이상의 정수 $n = 1, 2, 3, \cdots$에 대해서, 돈을 n원 가진 사람은 부자가 아니다. (증명 끝)

힌트: 이 증명이 '틀렸다'고 하는 것이 이상한가? 아니면 '맞다'라고 한다면 무엇을 말할 수 있는가. 모두를 생각해 보시오.

연구문제 4-X2는 Graham, Knuth, Patashnik의 저서 《Concrete Mathematics: A Foundation for Computer Science》를 참고했다.

제5장 빙빙 원을 만드는 방법

●●● 연구문제 5-X1 (역의 계산)

시계 퍼즐에서는 패턴이 주어져 카운트 버튼을 누르는 횟수를 생각했다. 그럼 거꾸로, 카운트 버튼을 누르는 횟수가 주어졌을 때 패턴을 구하는 계산법을 생각해 보시오.

●●● 연구문제 5-X2 (시계의 추가)

시계 퍼즐에 '4의 시계'를 추가하여 시계 퍼즐의 해법을 생각해 보시오.

●●● 연구문제 5-X3 (새로운 시계 퍼즐)

'n의 시계', '$n+1$의 시계', '$n+2$의 시계'로 만들어지는 시계 퍼즐을 연구해 보시오.

연구문제 5 - X4 (간지)

간지(干支)는 십간(十干)과 십이지(十二支)를 조합한 것이다.

십간	갑	을	병	정	무	기	경	신	임	계		
십이지	자	축	인	묘	진	사	오	미	신	유	술	해

십간	십이지	간지	십간	십이지	간지	십간	십이지	간지
갑	자	갑자	갑	신	갑신	갑	진	갑진
을	축	을축	을	유	을유	을	사	을사
병	인	병인	병	술	병술	병	오	병오
정	묘	정묘	정	해	정해	정	미	정미
무	진	무진	무	자	무자	무	신	무신
기	사	기사	기	축	기축	기	유	기유
경	오	경오	경	인	경인	경	술	경술
신	미	신미	신	묘	신묘	신	해	신해
임	신	임신	임	진	임진	임	자	임자
계	유	계유	계	사	계사	계	축	계축
갑	술	갑술	갑	오	갑오	갑	인	갑인
을	해	을해	을	미	을미	을	묘	을묘
병	자	병자	병	신	병신	병	진	병진
정	축	정축	정	유	정유	정	사	정사
무	인	무인	무	술	무술	무	오	무오
기	묘	기묘	기	해	기해	기	미	기미
경	진	경진	경	자	경자	경	신	경신
신	사	신사	신	축	신축	신	유	신유
임	오	임오	임	인	임인	임	술	임술
계	미	계미	계	묘	계묘	계	해	계해

그러나 십간과 십이지 모두의 조합이 간지에 나타나는 것은 아니다. 예를 들면 '갑자'는 나타나지만, '갑축'은 나타나지 않는다. 간지에 나타나는 조합인지 아닌지를 어떻게 하면 판정할 수 있을까?

●●● 연구문제 5-X5 (최소공배수)

자연수 a, b, c의 최소공배수란 a여도, b여도, c여도 나누어떨어지는 최소의 자연수를 말한다.

238쪽에서 '나'는 이렇게 말했다.

"그렇지만 잘 봐. 2와 3과 5는 모두 소수야. 이럴 땐 전부 곱하는 것만으로도 최소공배수가 돼."

실제로 주어진 수가 모두 소수라면, 모두를 곱하면 최소공배수를 구할 수 있다. 하지만, 비록 소수가 아니더라도 모두를 곱하는 것만으로도 최소공배수를 구할 수 있는 경우가 있다. 예를 들어 3, 4, 5라는 3개의 수가 주어진 경우 4는 소수가 아니지만 최소공배수는,

$$3 \times 4 \times 5 = 60$$

으로 곱하는 것만으로도 구할 수 있다.

곱하는 것만으로도 최소공배수가 구해지는 건 어떠한 경우인가?

맺음말

안녕하세요, 유키 히로시입니다.

'수학 소녀의 비밀노트-정수 귀신'을 읽어주셔서 감사합니다. 재미있게 읽으셨나요?

이 책은 케이크스(cakes)라는 웹사이트에 연재한 '수학 소녀의 비밀노트' 제11회부터 제20회까지를 재편집한 것입니다. 이 책을 읽고 '수학 소녀의 비밀노트' 시리즈에 흥미를 갖게 되신 분들은 꼭 인터넷 연재도 읽어주세요.

'수학 소녀의 비밀노트' 시리즈는 간단한 수학을 주제로 중학생인 유리, 고등학생인 테트라, 미르카, 그리고 '나'가 재미있는 수학 토크를 펼치는 이야기입니다.

같은 등장인물이 활약하는 '수학 소녀' 시리즈라고 하는 다른 시리즈도 있습니다. 여기에서는 더욱 다양한 수학에 도전하는 수학 청춘 스토리입니다. 꼭 이 시리즈도 관심을 가져 주세요.

'수학 소녀의 비밀노트'와 '수학 소녀', 이 두 시리즈 모두 응원해 주시기를 바랍니다.

집필 도중에 원고를 읽고 귀중한 조언을 주신 아래의 분들과 그 외 익명의 분들께 감사드립니다. 당연한 사실로 만약 이 책의 내용 중에 오류가 있다면 당연히 모두 저의 실수이며, 아래 분들에게는 책임이 없습니다.

아사미 유타, 아시키 유스케, 이소 아라류야, 이시우 데츠야, 이시모토 류타, 이나바 가즈히로, 우에하라 류헤이, 오쿠타니 요시유키, 가와카미 미도리, 가와시마 토시야, 기무라 이와오, 츠쿠나 유키, 구도 아츠시, 게즈카 가즈히로, 우에타키 가요, 사카구치 아키코, 다카다 토모후미, 하나다 다카아키, 하야시 아야, 후지타 히로시, 본텐 유토리, 마에하라 마사히데, 마스다 나미, 미야케 기요시, 무라이 겐, 무라오카 유스케, 무라타 켄타, 야마구치 다케시.

'수학 소녀의 비밀노트'와 '수학 소녀' 시리즈를 계속 편집해 주고 있는 SB크리에이티브의 노자와 요시오 편집장님께 감사드립니다.

케이크스의 가토 사다아키 씨께 감사드립니다.

집필을 응원해 주시는 여러분께도 감사드립니다.

세상에서 누구보다 사랑하는 아내와 두 아들에게도 감사 인사를 전합니다.

이 책을 끝까지 읽어주셔서 감사합니다.

그럼 다음 '수학 소녀의 비밀노트' 시리즈에서 뵙겠습니다!

유키 히로시

www.hyuki.com/girl